海洋生态评估系列报告

U0202094

海岛

HAIDAO SHENGTAI ZHISHU HE
FAZHAN ZHISHU
BAOGAO（2018）

生态指数和发展指数报告（2018）

丰爱平　　张志卫　　赵锦霞◎主编

海洋出版社

2020 年·北京

图书在版编目（CIP）数据

海岛生态指数和发展指数报告.2018／丰爱平，张志卫，赵锦霞主编. -- 北京：海洋出版社，2020.9
ISBN 978-7-5210-0634-6

Ⅰ.①海… Ⅱ.①丰… ②张… ③赵… Ⅲ.①岛-生态环境-研究报告-中国-2018②岛-区域经济发展-研究报告-中国-2018 Ⅳ.①X821.2②F127

中国版本图书馆 CIP 数据核字（2020）第 150806 号

审图号：GS（2020）4281 号

责任编辑：薛菲菲
责任印制：赵麟苏

海洋出版社 出版发行

http://www.oceanpress.com.cn
北京市海淀区大慧寺路 8 号　邮编：100081
中媒（北京）印务有限公司印刷
2020 年 9 月第 1 版　2020 年 9 月北京第 1 次印刷
开本：787 mm×1092 mm　1/16　印张：10.75
字数：217 千字　定价：98.00 元
发行部：62100090　邮购部：68038093
总编室：62100971　编辑室：62100038
海洋版图书印、装错误可随时退换

本书编委会

主　编：丰爱平　张志卫　赵锦霞

编　委（按姓氏音序排序）：

池　源　傅颜颜　黄　博　林河山

林雪萍　刘建辉　王恩康　王　娜

肖　兰　寻晨曦　张琳婷

前　言

　　在我国主张管辖的海域中，散布着大小万余个海岛，这些海岛不仅是众多物种栖息繁衍和迁徙中转的场所，也是我国经济社会发展的重要战略空间。随着海洋强国、生态文明等重大战略的部署和"一带一路"倡议的实施，如何提高海岛治理水平，在保障海岛生态系统健康的前提下，实现海岛地区蓝色增长，让海岛地区共享发展成果，成为当今及今后一段时期海岛保护与管理的核心任务目标。要实现这一任务目标，首先就要明确一个"标尺"，即海岛生态状况如何、海岛发展水平如何，以便不断改进管理和行动计划。因此，《全国海岛保护工作"十三五"规划》明确提出发布海岛生态指数和发展指数。海岛生态指数是衡量一定时期内某个海岛生态状态的综合评价指数，主要反映海岛生态环境、生态利用与生态管理的情况；海岛发展指数是衡量一定时期内某个海岛综合发展状况的评价指数，主要反映海岛经济发展、生态环境、社会民生、文化建设、社区治理总体发展水平。海岛指数的评价与发布，可以更好地让国内外公众了解我国海岛保护、发展成果及存在问题，引导加强海岛生态保护，促进各具特色的海岛生态化开发利用模式的探索和实践，为建立基于生态系统的海岛综合管理模式，提高海岛治理水平、实现海岛地区蓝色增长奠定基础。

　　2016年，我们着手开始海岛生态指数和发展指数相关研究工作，并确定了"方法研究–实例验证–常态化发布"的总体路线。在此背景下，2017年由自然资源部第一海洋研究所、自然资源部海岛研究中心、国家海洋信息中心和国家海洋技术中心等单位共同编制完成并发布了40个海岛生态指数及30个海岛发展指数，并出版了《海岛生态指数和发展指数评价指标体系设计与验证》一书。指数的发布一方面验证了海岛生态指数与发展指数指标体系的科学性与可行性，具备了"标尺"功能；另一方面反映了海岛生态状况、发展水平评价及其差异，打开了公众了解我国部分海岛生态保护和发展状况的窗口。同时，我们也认为，持续开展海岛生态指数与发展指数年度评价等基础性工作，实时关注海岛生态与发展状况，有助于服务海岛决策与管理。为此，在自然资源部"两个统一"框架下，遴选我国130个海岛作为研究对象开展2018年度海岛生态指数和发展指数的评估。2018年的指数评估是在2017年海岛试点评估和方法验证的基础上，进一步进行理论研究、实地调研和广泛征求意见，调整海岛经济发展指标，完善海岛生态指数和发展指数评价指标体系和方法，仍是对海岛生态指数和发展指数评价体系的试点评估。

本书的基础数据源于地方填报、海岛遥感影像人工解译、海岛监视监测系统和统计调查、实地核实等，经后期资料梳理、统计、测算、分析，完成海岛生态指数评价和发展指数评价。本书主要由十一个章节构成：第一章为海岛生态指数和发展指数评价体系的基本介绍；第二章为2017年海岛保护与发展情况回顾和130个试点海岛概况；第三章为海岛生态指数评价结果与分析；第四章为海岛发展指数评价结果与分析，第五章到第十一章为典型海岛的专题评估报告。

本研究工作由自然资源部海岛研究中心牵头，自然资源部第一海洋研究所和国家海洋信息中心等单位共同参与编制完成。研究得到了自然资源部海域海岛管理司领导和同志的大力支持，评价海岛所在省、市、县、乡镇的领导和同事在数据收集方面给予了巨大帮助，在此表示衷心的感谢。我们将积极跟踪海岛生态保护和发展的国内外进展，不断完善海岛生态指数和发展指数评估方法体系，真诚欢迎社会各界提出批评和建议，使有关指数成为国内外了解我国海岛保护与发展状况的窗口，成为引领海岛蓝色发展的标尺。

目　录

第一章　海岛生态指数和发展指数评价体系简介 ················· 1

　　第一节　海岛生态指数评价指标体系和计算方法 ············· 1

　　第二节　海岛发展指数评价指标体系和计算方法 ············· 4

第二章　评估海岛基本情况 ································· 12

　　第一节　2017 年我国海岛保护与利用基本情况 ············· 12

　　第二节　评估海岛基本情况 ····························· 13

第三章　海岛生态指数评价结果 ························· 26

　　第一节　海岛生态指数评价结果 ······················· 26

　　第二节　海岛生态指数分析 ··························· 32

第四章　海岛发展指数评价结果 ························· 39

　　第一节　海岛发展指数评价结果 ······················· 39

　　第二节　海岛发展指数分指数分析 ····················· 46

　　第三节　海岛发展指数指标分析 ······················· 56

第五章　辽宁省典型海岛生态指数和发展指数评估专题报告 ····· 62

　　第一节　大王家岛生态指数与发展指数评价 ··············· 62

　　第二节　石城岛生态指数与发展指数评价 ··············· 65

　　第三节　大长山岛生态指数与发展指数评价 ··············· 67

　　第四节　海洋岛生态指数与发展指数评价 ················· 70

　　第五节　长兴岛生态指数与发展指数评价 ··············· 74

　　第六节　觉华岛生态指数与发展指数评价 ··············· 76

第六章　山东省典型海岛生态指数和发展指数评估专题报告 ················· **80**

　第一节　南长山岛生态指数与发展指数评价 ······················· **80**

　第二节　南隍城岛生态指数与发展指数评价 ······················· **83**

　第三节　大钦岛生态指数与发展指数评价 ························· **86**

　第四节　大黑山岛生态指数与发展指数评价 ······················· **88**

第七章　江苏省和上海市典型海岛生态指数和发展指数评估专题报告 ············· **92**

　第一节　竹岛生态指数评价 ······························· **92**

　第二节　横沙岛生态指数与发展指数评价 ························· **94**

第八章　浙江省典型海岛生态指数和发展指数评估专题报告 ················· **97**

　第一节　大榭岛生态指数与发展指数评价 ························· **97**

　第二节　秀山岛生态指数与发展指数评价 ························· **100**

　第三节　金塘岛生态指数与发展指数评价 ························· **103**

　第四节　庙子湖岛生态指数与发展指数评价 ······················· **106**

　第五节　虾峙岛生态指数与发展指数评价 ························· **108**

　第六节　泗礁山岛生态指数与发展指数评价 ······················· **111**

　第七节　状元岙岛生态指数与发展指数评价 ······················· **113**

　第八节　洞头岛生态指数与发展指数评价 ························· **116**

　第九节　灵昆岛生态指数与发展指数评价 ························· **119**

第九章　福建省典型海岛生态指数和发展指数评估专题报告 ················· **122**

　第一节　火烧屿生态指数评价 ····························· **122**

　第二节　吾屿生态指数评价 ······························· **124**

　第三节　鼓浪屿生态指数与发展指数评价 ························· **126**

　第四节　大嶝岛生态指数与发展指数评价 ························· **130**

　第五节　大练岛生态指数与发展指数评价 ························· **133**

　第六节　浒茂洲生态指数与发展指数评价 ························· **136**

　第七节　鸡心屿生态指数评价 ····························· **138**

第十章　广东省典型海岛生态指数和发展指数评估专题报告 ·················· **140**

　　第一节　海山岛生态指数与发展指数评价 ················ 140

　　第二节　骑鳌岛生态指数与发展指数评价 ················ 142

　　第三节　横琴岛生态指数与发展指数评价 ················ 144

　　第四节　外伶仃岛生态指数与发展指数评价 ··············· 147

第十一章　广西壮族自治区和海南省典型海岛生态指数和发展指数评估专题报告

　　　　　 ··· **151**

　　第一节　七星岛生态指数与发展指数评价 ················ 151

　　第二节　长榄岛生态指数与发展指数评价 ················ 153

　　第三节　海甸岛生态指数与发展指数评价 ················ 156

参考资料 ··· **159**

第一章

海岛生态指数和发展指数评价体系简介

海岛生态指数和发展指数评价体系的理论依据、总体思想、概念框架等内容在《海岛生态指数和发展指数评价指标体系设计与验证》一书中已有详细介绍，本章简要说明海岛生态指数和发展指数评价指标体系和计算方法。

第一节 海岛生态指数评价指标体系和计算方法

一、海岛生态指数评价指标体系

海岛生态指数是衡量一定时期内某个海岛生态状态的综合评价指数，包括海岛生态环境、生态利用和生态管理3个方面，共包含4个一级指标，9个二级指标，10个三级指标（表1.1-1）。通过生态指数评价，直观反映海岛生态系统状态；通过对比不同年份生态指数，反映海岛生态系统变化情况和保护效果。

表 1.1-1 海岛生态指数评价指标体系

一级指标	二级指标	三级指标	指标编号	指标含义
生态环境	植被	植被覆盖率	A1	反映海岛植被资源和绿化水平
	岸线	自然岸线保有率	A2	反映海岛岸线保护与利用状况
	水质	海岛周边海域水质状况	A3	反映海岛周边海水环境质量
生态利用	利用强度	岛陆建设用地面积比例	A4	反映海岛开发利用强度
	环境治理	污水处理率	A5	反映污水处理水平
		垃圾处理率	A6	反映垃圾处理水平
生态管理	规划管理	规划制定及实施情况	A7	反映海岛综合管理和保护力度

一级指标	二级指标	三级指标	指标编号	指标含义
其他指标	特色保护	珍稀濒危物种及栖息地、古树名木、自然和历史人文遗迹等保护情况	A8	正向指标，反映海岛珍稀濒危物种及栖息地、古树名木、自然和历史人文遗迹的保护情况
	违法行为	存在违法用海、用岛行为	A9	负向指标，反映违法用岛活动对海岛生态环境的不良影响
	生态损害	发生污染、非法采捕、乱砍滥伐等生态损害事故	A10	负向指标，反映重大生态损害事件对海岛生态环境的不良影响

二、指标解释与数据来源

1. 植被覆盖率

植被覆盖率 ＝ 植被覆盖面积/海岛总面积×100%

其中，植被覆盖面积不包括耕地面积。

数据来源：海岛四项基本要素监视监测、遥感影像解译。

2. 自然岸线保有率

自然岸线保有率 ＝ 海岛自然岸线长度/海岛岸线总长度×100%

其中，自然岸线包括原生自然岸线和整治修复后具有自然海岸形态特征和生态功能的海岸线。

数据来源：海岛四项基本要素监视监测、遥感影像解译。

3. 海岛周边海域水质

计算公式：海岛周边海域水质＝（第一类水质海域面积+第二类水质海域面积）/海岛周边海域总面积×100%

海岛周边海域取 3 km 范围内的海域面积。海域第一类、第二类水质为根据国家标准《海水水质标准》(GB 3097—1997)确定的水质标准。

数据来源：全国海洋生态环境监测和全国海岛生态环境监测数据资料。

4. 岛陆建设用地面积比例

计算公式：岛陆建设用地面积比例=120-岛陆建设用地面积/海岛总面积×100%

当海岛建设面积不超过海岛面积 20% 时，认为对海岛生态环境不产生极大影响。当计算结果大于 100 时，取 100。岛陆建设用地面积为按照国家标准《土地利用现状分类》(GB/T 21010—2017)划定的土地利用类型面积和。

数据来源：海岛四项基本要素监视监测、遥感影像解译。

5. 污水处理率

污水处理率 = 污水达标处理量/污水产生总量×100%

当评价海岛为没有任何开发利用活动的无居民海岛，污水产生量为 0 时，污水处理率按 100%计。

数据来源：海岛乡镇统计资料、海岛统计调查报表。

6. 垃圾处理率

垃圾处理率 = 垃圾无害化处理量/垃圾产生量×100%

当评价海岛为没有任何开发利用活动的无居民海岛，垃圾产生量为 0 时，垃圾处理率按 100%计。

数据来源：海岛乡镇统计资料、海岛统计调查报表。

7. 规划制定及实施情况

海岛保护相关规划已经制定并实施，赋值 100；海岛保护相关规划正在编制或已编制，但待实施，赋值 50；其他赋值 0。

数据来源：海岛统计调查报表。

8. 珍稀濒危物种及栖息地、古树名木、自然和历史人文遗迹等保护情况

本指标是反映海岛特色保护的正向指标，按照表 1.1-2 依据海岛情况赋值，不同指标内容分数进行累计，但赋值总计不超过 10。

数据来源：海岛乡镇统计资料、现场核实。

表 1.1-2　海岛生态指数"特色保护"指标赋值

指标内容	说明	赋值
珍稀濒危物种及栖息地	是国家重点保护野生动植物栖息地的海岛，并且实施有效保护的	8
古树名木	设置古树名木标志或划定保护区域的	2
自然和历史人文遗迹保护	有省级以上文物保护单位或省级以上非物质文化遗产且保护有力的	5
	有其他典型的自然或历史人文遗迹，并且保护较好的	2

9. 存在违法用岛的活动

该指标为负向指标，每发生一项赋值 5，多项累计，但赋值总计不超过 10。

数据来源：海岛执法记录。

10. 发生污染、非法采捕等生态损害事故

该指标为负向指标，每发生一项赋值 5，多项累计，但赋值总计不超过 10。

数据来源：海岛执法记录。

三、评价方法

1. 海岛生态指数计算方法

海岛生态指数(IEI)计算公式如下：

$$IEI = \sum_{i=1}^{7} p_i A_i + \alpha - \beta$$

式中：A_i 是 A1～A7 的标准化指标值；p_i 是 A1～A7 对应的权重；α 是 A8 的指标值；β 是 A9、A10 的指标值之和。

2. 分级评价

根据海岛生态指数将海岛生态状态划分为 4 级，即优、良、中、差（表1.1-3）。

表 1.1-3　海岛生态指数分级评价标准

级别	优	良	中	差
指数分级	$IEI \geqslant 80$	$80 > IEI \geqslant 65$	$65 > IEI \geqslant 50$	$IEI < 50$
描述	海岛生态状态好、稳定，海岛保护与管理效果好	海岛生态状态良好、较稳定，海岛保护与管理效果较好，但仍有上升空间	海岛生态状态中等、具有不稳定因素，海岛保护与管理有一定效果，但需加强	海岛生态状态较差、脆弱，急需加强海岛保护与修复

3. 变化分级评价标准

对比不同时期海岛生态指数的差异，反映单个海岛生态状态的变化。将海岛生态指数的波动分为 3 级：有好转、无明显变化、有退化（表1.1-4）。

表 1.1-4　海岛生态指数波动变化评价标准

级别	有好转	无明显变化	有退化
指数	$\Delta IEI \geqslant 3$	$3 > \Delta IEI \geqslant -3$	$\Delta IEI < -3$

第二节　海岛发展指数评价指标体系和计算方法

一、海岛发展指数评价指标体系

海岛发展指数是衡量一定时期内某个海岛综合发展状况的评价指数，主要反映海岛经济发展、生态环境、社会民生、文化教育、社区治理总体发展水平。海岛发展指数的指标体系包括通用指标、综合成效指标和负向指。其中，通用指标包含 5 个一级指标，9 个二级指标，18 个三级指标，综合成效指标包括"海岛品牌创建""资源循环利用"等 4 个指标，负向指标包括"生态损害和安全事故" 1 个指标。通过发展指数评价，直观反映当年海岛发展状况，对比不同海岛发展指数，反映不同地区、不同海岛综合发展状况的差异。

表 1.2-1　海岛发展指数评价指标体系

指标体系	一级指标	二级指标	三级指标	指标代码	指标含义
通用指标	经济发展	经济实力	单位面积财政收入	D1	反映海岛经济、产业发展水平
			居民人均可支配收入	D2	反映海岛居民收入水平
	生态环境	环境支撑	植被覆盖率	D3	反映海岛植被资源和绿化水平
			自然岸线保有率	D4	反映海岛岸线保护与利用情况
		环境压力	岛陆建设用地面积比例	D5	反映海岛开发利用强度
		环境质量	海岛周边海域水质状况	D6	反映海岛周边海域水质质量
			污水处理率	D7	反映海岛环境保护情况
			垃圾处理率	D8	
	社会民生	基础设施条件	基础设施完备状况	D9	反映海岛的基础保障能力
			防灾减灾设施	D10	反映海岛防灾减灾能力
			对外交通条件	D11	反映海岛对外交通条件的便利程度
		公共服务能力	每千名常住人口公共卫生人员数	D12	反映海岛医疗卫生保障水平
			社会保障情况	D13	反映海岛居民享受医疗、养老、就业等社会保障情况
	文化建设	教育水平	教育设施情况	D14	反映海岛文化教育程度
		文化建设水平	人均拥有公共文化体育设施面积	D15	反映海岛文体建设水平
	社区治理	管理水平	规划管理	D16	反映海岛综合管理和保护力度
			乡规民约建设	D17	反映海岛社会民主自治情况
			警务机构和社会治安满意度	D18	反映海岛治安管理能力和效果

指标体系	一级指标	二级指标	三级指标	指标代码	指标含义
综合成效指标			珍稀濒危物种及其栖息地、古树名木等保护情况		正向指标，反映海岛珍稀物种保护情况
			海岛品牌建设	D19	正向指标，反映海岛产业竞争力水平
			资源循环利用		正向指标，反映海岛绿色发展实效
			自然和历史人文遗迹保护		正向指标，反映海岛自然环境和文化遗产保护情况
负指标		生态损害和安全事故	发生刑事案件、重大污染事故、生态损害事故、安全事故等	D20	负向指标，反映发生刑事案件、重大污染事故、生态损害事故、安全事故等不良影响

二、指标解释与数据来源

1. 单位面积财政收入（D1）

当 $\dfrac{k}{s} \leqslant m$ 时，单位面积财政收入指标值 $D1 = \dfrac{k}{sm} \times 60$；

当 $\dfrac{k}{s} > m$ 时，单位面积财政收入指标值 $D1 = \left[\left(\dfrac{k}{s} - m\right) \Big/ \left(\dfrac{k}{s}\right)_{max} - m\right] \times 40 + 60$；

式中：k 是海岛地方财政收入；s 是海岛面积；m 是本年全国沿海省（自治区、直辖市）单位面积地方财政收入。

财政收入单位为万元，海岛面积单位为 hm^2。

数据来源：海岛乡镇统计资料、海岛统计调查报表。

2. 居民人均可支配收入（D2）

当 $q \leqslant n$ 时，居民人均可支配收入指标值 $D2 = \dfrac{q}{n} \times 60$；

当 $q > n$ 时，居民人均可支配收入指标值 $D2 = \left[(q - n) / (q_{max} - n)\right] \times 40 + 60$

式中：q 是海岛居民人均可支配收入；n 是本年全国沿海省（自治区、直辖市）居民人均可支配收入。

数据来源：海岛乡镇统计资料、海岛统计调查报表。

3. 植被覆盖率（D3）

计算公式：植被覆盖率=植被覆盖面积/海岛总面积×100%

式中，植被覆盖面积不包括耕地面积。

数据来源：海岛四项基本要素监视监测、遥感影像解译。

4. 自然岸线保有率（D4）

计算公式：自然岸线保有率=海岛自然岸线长度/海岛岸线总长度×100%

数据来源：海岛四项基本要素监视监测、遥感影像解译或现场核实。

5. 岛陆建设用地面积比例（D5）

计算公式：岛陆建设用地面积指标值=120-岛陆建设面积/海岛总面积×100

当海岛建设面积不超过海岛面积20%时，认为对海岛生态环境不产生极大影响。岛陆建设用地面积为按照国家标准《土地利用现状分类》（GB/T 21010—2017）划定的土地利用类型面积和。

当计算结果大于100时，该指标值取100。

数据来源：海岛四项基本要素监视监测、遥感影像解译。

6. 海岛周边海域水质达标率（D6）

计算公式：海岛周边海域水质达标率=海岛周边海域达到或优于国家第二类海水水质标准的面积/海岛周边海域总面积×100%

海岛周边海域指的是海岛四周3 km范围内的海域。海域第二类水质及以上面积为符合国家标准《海水水质标准》（GB 3097—1997）确定的第一类和第二类水质标准的海域面积和。

数据来源：全国海洋生态环境监测和全国海岛生态环境监测数据资料。

7. 垃圾处理率（D7）

计算公式：海岛垃圾处理率=海岛垃圾无害化处理量/垃圾产生总量×100%

数据来源：海岛乡镇统计资料、海岛统计调查报表。

8. 污水处理率（D8）

计算公式：海岛污水处理率=海岛污水达标处理量/污水产生总量×100%

数据来源：海岛乡镇统计资料、海岛统计调查报表。

9. 基础设施完备状况（D9）

根据表1.2-2对海岛供水、供电、通讯情况赋值，所得平均值作为D9指标值。

表 1.2-2　基础设施完备情况赋值

供水	供电	通讯	指标赋值
集中无限时供水	集中无限时供电	3G/4G 信号，各运营商全覆盖	100
分散无限时供水或集中限时供水	分散无限时供电	3G/4G 信号，部分运营商覆盖	80
分散限时供水	限时供电	2G 信号覆盖	60
无供水	无电	一般通讯不覆盖	0

指标计算示例：若某海岛存在"分散无限时供水或集中限时供水""集中无限时供电""3G/4G 信号，部分运营商覆盖"，则基础设施完备状况指标值为（80+100+80）/3 = 86.67。

数据来源：海岛乡镇统计资料、海岛统计调查报表。

10. 防灾减灾设施（D10）

防潮堤长度覆盖了中心城区面临的岸线范围，以中心城区防潮堤工程建设标准等级反映防灾减灾能力，根据表 1.2-3 采用赋值法计算。

表 1.2-3　防灾减灾设施指标标准化赋值

防潮堤工程状况	指标赋值
防潮堤长度覆盖了中心城区面临的岸线范围，防潮等级在 50 年一遇标准或以上	100
防潮堤长度覆盖了中心城区面临的岸线范围，防潮等级在 20 年一遇标准或以上	85
防潮堤长度覆盖了中心城区面临的岸线范围，其他类型海堤	70
无海堤	60

如同一个海岛在不同岸段有不同等级的防潮堤工程，按不同标准赋值后所得平均值计算。

11. 对外交通条件（D11）

陆岛交通码头、桥隧等交通设施保障公共交通的能力，根据表 1.2-4 采取赋值法计算。

表 1.2-4　对外交通条件指标标准化赋值

单日陆岛公共交通能力	指标赋值
大于等于单日海岛最大出行人次需求，且不受潮汐影响	100
大于等于单日海岛最大出行人次需求，但受潮汐影响	85

海岛生态指数和发展指数报告（2018）

单日陆岛公共交通能力	指标赋值
小于单日海岛最大出行人次需求，且不受潮汐影响	75
小于单日海岛最大出行人次需求，同时受潮汐影响	60
无陆岛公共交通	0

桥隧公共交通运力＝公交车辆单日班次×单车运力

码头公共交通运力＝公共班船单日班次×单船运力

单日海岛最大出行人次需求可用海岛常住人口数的 20% 来表征。

单日陆岛公共交通能力为所有公共交通方式的运力和。单车运力或单船运力指单车或单船最大客运量。

数据来源：海岛乡镇统计资料、海岛统计调查报表和现场核实。

12. 每千名常住人口公共卫生人员数 (D12)

计算公式：每千名常住人口公共卫生人员数指标值＝海岛每千名常住人口公共卫生人员数/本年全国每千名常住人口公共卫生人员数×100

当计算结果大于 100 时，该指标分值取 100。

数据来源：海岛乡镇统计资料、海岛统计调查报表和现场核实。

13. 社会保障情况 (D13)

计算公式：社会保障情况指标值＝(养老保险覆盖率+医疗保险覆盖率)/2×100 或用农村社保卡三合一覆盖率×100

数据来源：海岛乡镇统计资料、海岛统计调查报表。

14. 学校设施情况 (D14)

采取赋值法计算。

按照《城市居住区规划设计规范》[GB 50180—93 (2002 年版)] 中的要求，人口为 10 000~15 000 人规模的居住区必须设小学，人口为 30 000~50 000 人规模的居住区必须设中学。海岛学校设施情况达到此标准的，赋值100，未达标赋值0。人数低于 10 000 人，可不设小学，赋值100。

数据来源：海岛乡镇统计资料、海岛统计调查报表。

15. 人均拥有公共文化体育设施面积 (D15)

计算公式：人均拥有公共文化体育设施面积指标值＝海岛拥有公共文化体育设施面积/户籍人口/本年全国人均拥有公共文化体育设施面积×100

当计算结果大于 100 时，该指标赋值 100。

数据来源：海岛乡镇统计资料、海岛统计调查报表。

16. 规划管理（D16）

海岛保护相关规划已经制定并实施，赋值 100；海岛保护相关规划正在编制或已编制但待实施，赋值 50；其他赋值 0。

数据来源：海岛乡镇统计资料、海岛统计调查报表或现场核实。

17. 乡规民约建设（D17）

根据表 1.2-5，采取赋值法计算。

表 1.2-5　乡规民约建设指标赋值

评价内容	赋值
乡规民约覆盖所有行政村	100
乡规民约覆盖大于 50% 的行政村	80
乡规民约覆盖 20%～50% 的行政村	50
乡规民约覆盖小于 20% 的行政村	0

数据来源：海岛乡镇统计资料、海岛统计调查报表。

18. 警务机构和社会治安满意度（D18）

计算公式：警务机构和社会治安满意度指标值＝结案数/立案数×50＋P/2

当评价海岛设有警务机构，$P＝100$；无警务机构，$P＝50$。

数据来源：海岛乡镇统计资料、海岛统计调查报表。

19. 综合成效指标（D19）

采取赋值法，当评价海岛涉及表 1.2-6 所列的发展特色内容时，逐项累加计算得出海岛发展特色指标值。

表 1.2-6　海岛发展指数综合成效指标赋值

指标	内容	指标赋值
海岛品牌建设	获得省级以上荣誉称号，如国家 3A 级以上旅游景区、省级文明乡镇（村）、省级及以上工业园区、"和美海岛""生态岛礁"等	具有 3 项以上，赋值 10；1～3 项，赋值 5
资源循环利用和可再生能源利用	海岛利用海洋能、太阳能等新能源促进海岛发展，或具有中水回用、循环经济的海岛	利用可再生能源或资源循环利用 2 项以上，赋值 2；1 项，赋值 1

指标	内容	指标赋值
珍稀濒危物种及栖息地、古树名木保护	是国家重点保护野生动植物栖息地的海岛，并且实施有效保护	赋值3
	设置古树名木标志或划定保护区域	赋值1
自然和历史人文遗迹保护	有省级以上文物保护单位或省级及以上非物质文化遗产，且保护有力	赋值3
	其他典型的自然或历史人文遗迹，并且保护较好	赋值1

数据来源：海岛乡镇统计资料、海岛统计调查报表和现场核实。

20. 生态损害和安全事故指标值（D20）

海岛当年发生重大污染事故、生态损害事故、安全事故等，每项赋值减10，多项累计。

数据来源：海岛执法记录。

三、评价方法

海岛发展指数（*IDI*）计算公式：

$$IDI = \sum_{i=1}^{18} p_i D_i + \alpha - \beta$$

式中：*IDI* 是评估年海岛发展指数；p_i 是三级评价指标的权重（p_1，p_2，p_3……p_{18}分别对应三级指标 D_1，D_2，D_3……D_{18}的权重）；D_i是三级评价指标标准化值；α 是综合成效指标值之和，即 D19 指标得分；β 是负向指标值之和，即 D20 指标得分。

计算某一年度一组海岛的发展指数，利用计算出来的指数分，对海岛发展指数进行排序比较，反映该年度海岛发展状况及岛间差异。单岛海岛发展指数针对分指标（一级指标）进行评价，即比较一级指标之间的指数分，识别海岛发展的薄弱点和发展成效突出亮点。

第一章 海岛生态指数和发展指数评价体系简介

第二章

评估海岛基本情况

第一节　2017 年我国海岛保护与利用基本情况

我国共有海岛 11 000 余个，海岛总面积约占我国陆地面积的 0.8%。海岛生态保护与利用是海岛管理的主体工作。2017 年，海岛资源利用和生态保护稳步推进，海岛制度和监管能力建设取得积极进展。

海岛管理制度体系进一步完善，海岛监管能力显著提高。针对"十三五"期间我国海岛面临的新形势和新问题，编制《全国海岛保护工作"十三五"规划》并发布实施。针对生态岛礁工程建设，颁布实施《全国生态岛礁工程"十三五"规划》。在海岛生态要素监视监测掌握我国海岛变化及状态方面，2017 年度，开展无居民海岛数量变化、岸线变化、开发利用变化和植被覆盖情况等重点反映海岛生态状况指标的监测，对我国无居民海岛开展多手段、大面积监测，结果显示，我国无居民海岛自然岸线保有率达 93.5%，通过多种方式修复受损岸线效果良好，自然岸线保持稳定，平均植被覆盖率达 52.0%。

海岛生态保护与修复持续开展，保护效果显现。深入推进海岛整治修复工作，截至 2017 年年末，中央财政支持实施海岛保护类项目共计 127 个，累计投入资金约 52 亿元，共计修复岸线约 70 km、整治沙滩约 $2×10^6$ m^3、修复植被约 $3×10^6$ m^2、修建道路约 17 km 等，有效促进了海岛地区基础设施建设和人居环境改善，如《辽宁笔架山连岛坝(天桥)修复工程》《山东刘公岛修复整治工程》《广西涠洲岛整治修复工程》《海南西沙羚羊礁整治修复及基础设施建设》等项目显著改善了海岛基础设施和生态环境状况。"蓝色海湾""南红北柳""生态岛礁"等一系列重大工程稳步开展，持续关注修复受损海岛，如修复海岛生态、保护海岛环境、改善海岛民生。截至 2017 年年末，我国已建成涉及海岛的各类保护区 194 个，其中，自然保护区 88 个、特别保护区(含海洋公园)75 个、水产种质资源保护区 13 个、湿地公园 7 个、地质公园 2 个、其他类型保护区 9 个。

海岛开发利用有序，海岛价值逐步显现。2017 年，新增批准北一江山岛、担峙岛、黄官岛、长乐西洛岛、火烧屿、大兔屿、横山墩、蟾蜍墩、草埠岛9个无居民海岛使用，主要用于公益服务、旅游娱乐、施工期用岛、桥梁建设及道路广场等建设。发布实施《关于海域、无居民海岛有偿使用的意见》《关于无居民海岛开发利用项目审理工作的意见》《关于印发无居民海岛开发利用测量规范的通知》等多项管理制度，进一步规范了海岛开发利用管理。海岛开发建设正成为海洋经济发展新的增长点和海洋经济结构调整的重要载体，海岛地区逐渐成为旅游、石化仓储、核电等产业的新聚集地。

海岛保护宣传力度提升，公众海岛保护意识增强。高度重视海岛宣传工作，相继开展全国和省级"十大美丽海岛"评选，引发社会各界关心、热爱和保护海岛的热潮。与国家旅游局签订《关于推进海洋旅游发展的合作框架协议》，形成了促进海洋旅游业发展的有效机制。举办全国海岛县联席会议，加强了海岛地区沟通与交流。2017年9月，以"蓝色经济·生态海岛"为主题的中国–小岛屿国家海洋部长圆桌会议在平潭召开，来自四大洲的12个岛屿国家代表参加了会议。会议通过了《平潭宣言》，在蓝色经济、海岛生态保护和海洋技术等方面提出5点倡议，深化了中国和小岛屿国家之间的相互理解和沟通。《2017年海岛生态指数和发展指数的成果》也在本次会议发布，以更好地让国内外公众了解我国海岛保护和发展成果。

第二节　评估海岛基本情况

依据区域基本覆盖、开发类型基本覆盖、生态系统类型基本覆盖的原则，2018年选取了我国130个海岛开展海岛生态指数和发展指数评价（表2.2–1）。所选的130个海岛，包括有居民海岛100个（乡镇级有居民海岛60个）、无居民海岛30个，总面积1 680.52 km²，常住总人口1 124 158人。从区域分布来看（图2.2–1），包括辽宁省海岛20个、山东省10个、江苏省2个、上海市1个、浙江省40个、福建省30个、广东省20个、广西壮族自治区5个、海南省2个。从海岛主导开发利用类型来看，渔业型海岛57个、旅游型海岛25个、农业型海岛7个、工业型海岛11个。从物质类型来看，基岩岛117个、沙泥岛12个、珊瑚岛1个。

表2.2–1　2017年度海岛生态指数和发展指数评估的海岛

序号	海岛名称	行政隶属	海岛类型1	海岛类型2	主要发展产业
1	大王家岛	辽宁	基岩岛	有居民海岛	旅游
2	大长山岛	辽宁	基岩岛	有居民海岛	旅游
3	凤鸣岛	辽宁	基岩岛	有居民海岛	渔业
4	格仙岛	辽宁	基岩岛	有居民海岛	渔业

序号	海岛名称	行政隶属	海岛类型1	海岛类型2	主要发展产业
5	海洋岛	辽宁	基岩岛	有居民海岛	渔业
6	小石坨子 *	辽宁	基岩岛	无居民海岛	—
7	扇子石 *	辽宁	基岩岛	无居民海岛	—
8	西蛤蟆礁 *	辽宁	基岩岛	无居民海岛	—
9	细面坨子 *	辽宁	基岩岛	无居民海岛	—
10	黑岛	辽宁	基岩岛	有居民海岛	渔业
11	骆驼岛	辽宁	基岩岛	有居民海岛	工业
12	塞里岛	辽宁	基岩岛	有居民海岛	农业
13	石城岛	辽宁	基岩岛	有居民海岛	旅游
14	寿龙岛	辽宁	基岩岛	有居民海岛	旅游
15	西蚂蚁岛	辽宁	基岩岛	有居民海岛	渔业
16	小长山岛	辽宁	基岩岛	有居民海岛	旅游
17	长兴岛	辽宁	基岩岛	有居民海岛	渔业
18	小岛	辽宁	基岩岛	有居民海岛	渔业
19	獐岛	辽宁	基岩岛	有居民海岛	旅游
20	觉华岛	辽宁	基岩岛	有居民海岛	旅游
21	车岛 *	山东	基岩岛	无居民海岛	—
22	东江 *	山东	基岩岛	无居民海岛	—
23	养马岛	山东	基岩岛	有居民海岛	旅游
24	南长山岛	山东	基岩岛	有居民海岛	渔业
25	砣矶岛	山东	基岩岛	有居民海岛	渔业
26	南隍城岛	山东	基岩岛	有居民海岛	渔业
27	北隍城岛	山东	基岩岛	有居民海岛	渔业
28	大钦岛	山东	基岩岛	有居民海岛	渔业
29	小钦岛	山东	基岩岛	有居民海岛	渔业
30	大黑山岛	山东	基岩岛	有居民海岛	旅游
31	羊山岛	江苏	基岩岛	有居民海岛	渔业
32	竹岛 *	江苏	基岩岛	无居民海岛	—

序号	海岛名称	行政隶属	海岛类型 1	海岛类型 2	主要发展产业
33	横沙岛	上海市	沙泥岛	有居民海岛	旅游
34	大榭岛	浙江	基岩岛	有居民海岛	工业
35	高塘岛	浙江	基岩岛	有居民海岛	渔业
36	东门岛	浙江	基岩岛	有居民海岛	渔业
37	小铜山礁*	浙江	基岩岛	无居民海岛	—
38	羊头礁*	浙江	基岩岛	无居民海岛	—
39	高虎礁*	浙江	基岩岛	无居民海岛	—
40	平虎礁*	浙江	基岩岛	无居民海岛	—
41	尖虎礁*	浙江	基岩岛	无居民海岛	—
42	蛇蟠岛	浙江	基岩岛	有居民海岛	旅游
43	龙山岛	浙江	基岩岛	有居民海岛	渔业
44	茅埏岛	浙江	基岩岛	有居民海岛	渔业
45	鸡山岛	浙江	基岩岛	有居民海岛	渔业
46	状元岙岛	浙江	基岩岛	有居民海岛	渔业
47	大门岛	浙江	基岩岛	有居民海岛	渔业
48	洞头岛	浙江	基岩岛	有居民海岛	渔业
49	霓屿岛	浙江	基岩岛	有居民海岛	渔业
50	花岗岛	浙江	基岩岛	有居民海岛	旅游
51	灵昆岛	浙江	沙泥岛	有居民海岛	渔业
52	过巷屿*	浙江	基岩岛	无居民海岛	—
53	外赤屿*	浙江	基岩岛	无居民海岛	—
54	笔架山屿*	浙江	基岩岛	无居民海岛	—
55	上马鞍北礁*	浙江	基岩岛	无居民海岛	—
56	马目半边屿*	浙江	基岩岛	无居民海岛	工业
57	小长涂山岛	浙江	基岩岛	有居民海岛	渔业
58	衢山岛	浙江	基岩岛	有居民海岛	农业
59	秀山岛	浙江	基岩岛	有居民海岛	旅游
60	长白岛	浙江	基岩岛	有居民海岛	农业

序号	海岛名称	行政隶属	海岛类型1	海岛类型2	主要发展产业
61	金塘岛	浙江	基岩岛	有居民海岛	农业
62	册子岛	浙江	基岩岛	有居民海岛	渔业
63	白沙山岛	浙江	基岩岛	有居民海岛	渔业
64	庙子湖岛	浙江	基岩岛	有居民海岛	渔业
65	蚂蚁岛	浙江	基岩岛	有居民海岛	工业
66	登步岛	浙江	基岩岛	有居民海岛	工业
67	虾峙岛	浙江	基岩岛	有居民海岛	工业
68	朱家尖岛	浙江	基岩岛	有居民海岛	旅游
69	普陀山岛	浙江	基岩岛	有居民海岛	旅游
70	泗礁山岛	浙江	基岩岛	有居民海岛	旅游
71	嵊山岛	浙江	基岩岛	有居民海岛	渔业
72	大黄龙岛	浙江	基岩岛	有居民海岛	渔业
73	大洋山岛	浙江	基岩岛	有居民海岛	渔业
74	岱嵩岛	福建	沙泥岛	有居民海岛	渔业
75	浯屿	福建	基岩岛	有居民海岛	渔业
76	浒茂洲	福建	沙泥岛	有居民海岛	工业
77	鸡心屿*	福建	基岩岛	无居民海岛	—
78	火烧屿*	福建	基岩岛	无居民海岛	—
79	吾屿*	福建	基岩岛	无居民海岛	—
80	鼓浪屿	福建	基岩岛	有居民海岛	旅游
81	大嶝岛	福建	基岩岛	有居民海岛	工业
82	小嶝岛	福建	基岩岛	有居民海岛	旅游
83	赤山	福建	基岩岛	有居民海岛	渔业
84	三都岛	福建	基岩岛	有居民海岛	渔业
85	鸟屿	福建	基岩岛	有居民海岛	渔业
86	长腰岛	福建	基岩岛	有居民海岛	渔业
87	西洋岛	福建	基岩岛	有居民海岛	渔业
88	虾山岛	福建	基岩岛	有居民海岛	渔业

序号	海岛名称	行政隶属	海岛类型 1	海岛类型 2	主要发展产业
89	雷江岛	福建	基岩岛	有居民海岛	渔业
90	西台山	福建	基岩岛	有居民海岛	渔业
91	东星岛	福建	基岩岛	有居民海岛	渔业
92	北礁岛 *	福建	基岩岛	无居民海岛	—
93	霞浦大礁屿 *	福建	基岩岛	无居民海岛	—
94	东珠屿 *	福建	基岩岛	无居民海岛	—
95	波洲岛 *	福建	基岩岛	无居民海岛	—
96	北猫山 *	福建	基岩岛	无居民海岛	—
97	东洛岛	福建	基岩岛	有居民海岛	渔业
98	前屿	福建	基岩岛	有居民海岛	渔业
99	大练岛	福建	基岩岛	有居民海岛	渔业
100	小庠岛	福建	基岩岛	有居民海岛	渔业
101	草屿	福建	基岩岛	有居民海岛	渔业
102	屿头岛	福建	基岩岛	有居民海岛	渔业
103	青屿	福建	基岩岛	有居民海岛	渔业
104	海山岛	广东	基岩岛	有居民海岛	工业
105	木棉山岛	广东	基岩岛	有居民海岛	工业
106	大三门岛	广东	基岩岛	有居民海岛	旅游
107	蟾蜍洲 *	广东	基岩岛	无居民海岛	—
108	白鹤仔南岛 *	广东	基岩岛	无居民海岛	—
109	三杯酒二岛 *	广东	基岩岛	无居民海岛	—
110	南澳三礁 *	广东	基岩岛	无居民海岛	—
111	金叶岛	广东	沙泥岛	有居民海岛	工业
112	小岛	广东	基岩岛	有居民海岛	渔业
113	骑鳌岛	广东	基岩岛	有居民海岛	渔业
114	南三岛	广东	沙泥岛	有居民海岛	旅游
115	硇洲岛	广东	基岩岛	有居民海岛	旅游
116	公港岛	广东	沙泥岛	有居民海岛	农业

第二章 评估海岛基本情况

续表

序号	海岛名称	行政隶属	海岛类型1	海岛类型2	主要发展产业
117	土港岛	广东	沙泥岛	有居民海岛	农业
118	新寮岛	广东	沙泥岛	有居民海岛	旅游
119	大茅岛	广东	基岩岛	有居民海岛	农业
120	横琴岛	广东	基岩岛	有居民海岛	旅游
121	大万山岛	广东	基岩岛	有居民海岛	渔业
122	桂山岛	广东	基岩岛	有居民海岛	旅游
123	外伶仃岛	广东	基岩岛	有居民海岛	旅游
124	七星岛	广西	沙泥岛	有居民海岛	渔业
125	南域围	广西	沙泥岛	有居民海岛	渔业
126	四方岛*	广西	基岩岛	无居民海岛	—
127	龙门岛	广西	基岩岛	有居民海岛	渔业
128	长榄岛	广西	基岩岛	有居民海岛	渔业
129	海甸岛	海南	沙泥岛	有居民海岛	工业
130	鸭公岛	海南	珊瑚岛	有居民海岛	渔业

* 表示只评估生态指数。

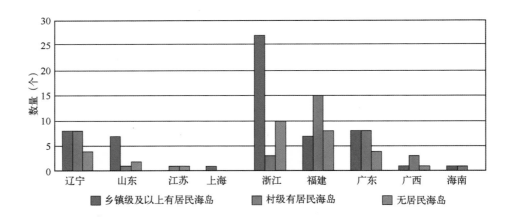

图 2.2-1　2017 年海岛生态指数和发展指数评价海岛区域分布

18

一、面积与人口

在评估的 130 个海岛中，面积小于 10 km² 的海岛占 70.7%，超过 100 km² 的海岛仅有 3 个。其中，位于辽宁省的长兴岛面积最大（图 2.2-2）；位于广东省的无居民海岛南澳三礁面积最小。

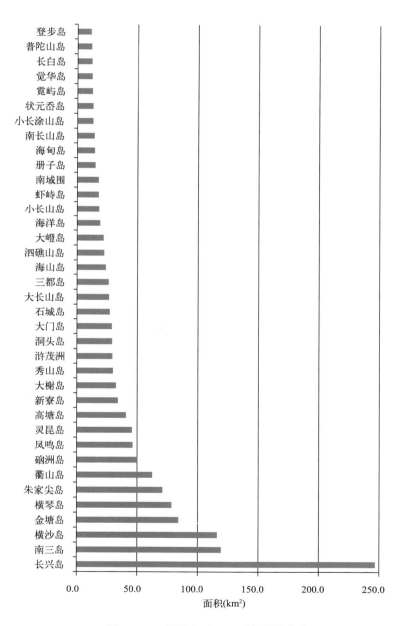

图 2.2-2　面积大于 10 km² 的评估海岛

在 100 个有居民海岛中，大多数海岛人口规模较小，58%的海岛常住人口不足5 000 人（图 2.2-3）；海南海甸岛常住人口最多，至 2017 年年末，常住人口为 97 023人；其次是广东南三岛、广东海山岛和浙江洞头岛。30 个无居民海岛没有开发利用活动，也没有常住人口。

从人口密度来看，广东木棉山岛人口最为密集，其次是浙江岱嵩岛、海南海甸岛和福建鼓浪屿。59 个海岛人口密度高于沿海省（自治区、直辖市）的人口密度（471.9 人/km²）。

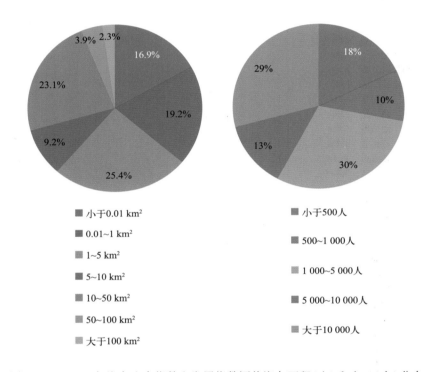

图 2.2-3　2017 年海岛生态指数和发展指数评价海岛面积（左）和人口（右）分布

二、经济发展

评估的 60 个乡镇级及以上有居民海岛中，48 个有一般性财政收入。对这 48 个海岛的一般性财政收入进行分析（图 2.2-4），其中，地方一般财政预算收入小于1 亿元的海岛占 72.9%；从单位面积财政收入来看，大于沿海省（自治区、直辖市）单位面积财政收入（398.6 万元/km²）的海岛有 21 个；从人均财政收入来看，仅 1/4的海岛超过沿海省（自治区、直辖市）单位人口财政收入（8 447.5 元/人），人均财政收入普遍偏低。

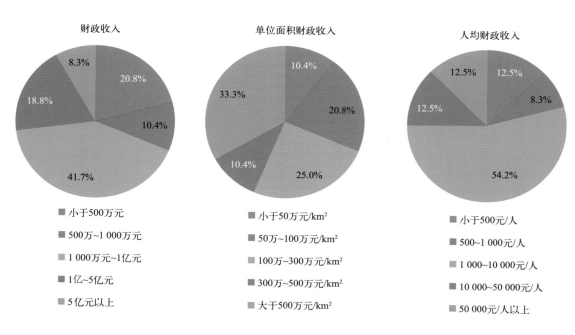

图 2.2-4　部分评估海岛 2017 年地方一般财政收入情况

从海岛的开发利用类型来看，2017 年评估海岛仍以农渔业型海岛为主，占比 49%；其次为保护区海岛，主要为无居民海岛，旅游型海岛占比 19%（图 2.2-5）。

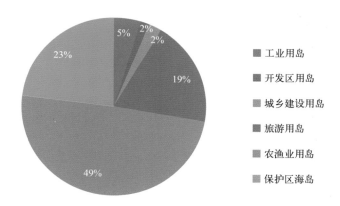

图 2.2-5　2017 年评估海岛主导开发利用类型

100 个有居民海岛的平均人均可支配收入 22 926.4 元，人均可支配收入最高的海岛是鼓浪屿；其次是大榭岛、泗礁山岛和木棉山岛（图 2.2-6）。17 个海岛的居民人均可支配收入达到或高于沿海省（自治区、直辖市）居民人均可支配收入（32 230.8 元）。

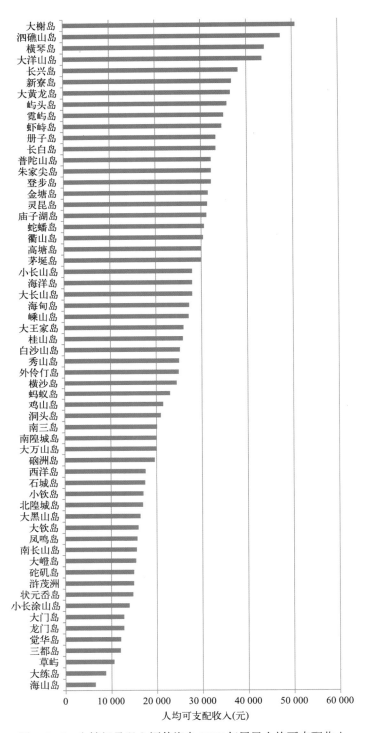

图 2.2-6　乡镇级及以上评估海岛 2017 年居民人均可支配收入

三、生态环境

对 130 个海岛的生态环境状况进行分析，结果如图 2.2-7 和图 2.2-8 所示。2017年，评估海岛大多以自然岸线为主，自然岸线保有率平均值为 66.0%，横沙岛、蛇蟠岛和灵昆岛全部为人工岸线。评估海岛植被覆盖率平均值为 41.4%，植被覆盖率超过60% 的海岛占 28.4%。其中，四方岛植被覆盖率最高，为 97.5%；18 个无居民小岛没有植被覆盖。评估海岛岛陆建设面积比例平均值为 20.3%，建设面积比例小于 20% 的海岛占 60.8%。其中，岱嵩岛的建设面积比例最高，为 86.4%。

评估海岛平均污水处理率为 62.6%，平均垃圾处理率为 84.4%。46.2% 的海岛实现了 100% 污水达标处理，30.0% 的海岛未实现 100% 垃圾处理。

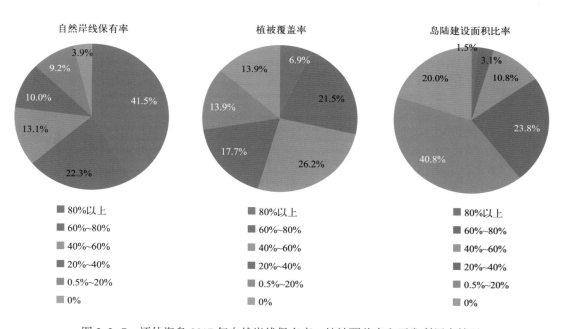

图 2.2-7　评估海岛 2017 年自然岸线保有率、植被覆盖率和开发利用率情况

四、社会保障

评估的有居民海岛平均每千名常住人口公共卫生人员数为 6 人，小于沿海省（自治区、直辖市）每千名常住人口公共卫生人员数（6.8 人），仅 16 个海岛的每千名常住人口公共卫生人员数达到沿海省（自治区、直辖市）水平。按照《城市居住区规划设计规范》[GB 50180—93（2002 年版）]：人口为 10 000～15 000 人规模的居住区必须设小学，

图 2.2-8　乡镇级及以上评估海岛 2017 年海岸线情况

人口为 30 000~50 000 人规模的居住区必须设中学的要求，评估海岛学校设置均符合规范，建设有必要的小学、初级中学。评估海岛人均拥有公共文化体育设施面积的平均值为 2.94 m²/人，42 个海岛高于全国平均水平（1.4 m²/人）。评估海岛平均社会养老保险覆盖率为 78.1%，平均医疗保险覆盖率为 87.7%。

第一节 海岛生态指数评价结果

对 130 个海岛进行生态指数测算，结果见表 3.1-1。其中，海岛生态指数得分大于等于 80，生态状态优的海岛 24 个，占 18.5%；海岛生态指数得分介于 65~80，生态状态良的海岛 57 个，占 43.8%；海岛生态指数得分介于 50~65，生态状态一般的海岛 33 个，占 25.4%；海岛生态指数得分小于 50，生态状态略差的海岛 16 个，占 12.3%。福建吾屿的海岛生态指数最高，为 103.3，大钦岛、大黑山岛、觉华岛、状元岙岛和外伶仃岛等海岛生态状态优。

表 3.1-1 2017 年 130 个海岛生态指数评价结果

序号	行政隶属	海岛名称	生态指数	评价结果	序号	行政隶属	海岛名称	生态指数	评价结果
1	辽宁	大王家岛	65.2	良	13	辽宁	长兴岛	62.3	中
2	辽宁	大长山岛	82.4	优	14	辽宁	小岛	47.9	差
3	辽宁	凤鸣岛	74.4	良	15	辽宁	獐岛	50.4	中
4	辽宁	格仙岛	58.1	中	16	辽宁	小石坨子	78.0	良
5	辽宁	海洋岛	86.5	优	17	辽宁	扇子石	75.7	良
6	辽宁	黑岛	46.2	差	18	辽宁	西蛤蟆礁	70.0	良
7	辽宁	骆驼岛	37.0	差	19	辽宁	细面坨子	88.0	优
8	辽宁	塞里岛	63.0	中	20	辽宁	觉华岛	90.3	优
9	辽宁	石城岛	60.2	中	21	山东	车岛	75.0	良
10	辽宁	寿龙岛	43.0	差	22	山东	东江	70.0	良
11	辽宁	西蚂蚁岛	46.0	差	23	山东	养马岛	55.9	中
12	辽宁	小长山岛	73.1	良	24	山东	南长山岛	78.8	良

序号	行政隶属	海岛名称	生态指数	评价结果	序号	行政隶属	海岛名称	生态指数	评价结果
25	山东	砣矶岛	95.6	优	53	浙江	外赤屿	70.4	良
26	山东	南隍城岛	81.9	优	54	浙江	笔架山屿	70.0	良
27	山东	北隍城岛	83.3	优	55	浙江	上马鞍北礁	71.5	良
28	山东	大钦岛	99.7	优	56	浙江	马目半边屿	67.8	良
29	山东	小钦岛	91.8	优	57	浙江	小长涂山岛	62.1	中
30	山东	大黑山岛	95.3	优	58	浙江	衢山岛	71.6	良
31	江苏	羊山岛	54.3	中	59	浙江	秀山岛	69.7	良
32	江苏	竹岛	75.2	良	60	浙江	长白岛	54.6	中
33	上海	横沙岛	32.0	差	61	浙江	金塘岛	62.2	中
34	浙江	大榭岛	43.2	差	62	浙江	册子岛	57.6	中
35	浙江	高塘岛	80.4	优	63	浙江	白沙山岛	81.1	优
36	浙江	东门岛	64.3	中	64	浙江	庙子湖岛	66.6	良
37	浙江	小铜山礁	78.0	良	65	浙江	蚂蚁岛	59.1	中
38	浙江	羊头礁	78.0	良	66	浙江	登步岛	65.6	良
39	浙江	高虎礁	78.0	良	67	浙江	虾峙岛	82.0	优
40	浙江	平虎礁	78.0	良	68	浙江	朱家尖岛	63.8	中
41	浙江	尖虎礁	78.0	良	69	浙江	普陀山岛	89.3	优
42	浙江	蛇蟠岛	66.6	良	70	浙江	泗礁山岛	74.4	良
43	浙江	龙山岛	88.5	优	71	浙江	嵊山岛	75.7	良
44	浙江	茅埏岛	74.6	良	72	浙江	大黄龙岛	67.2	良
45	浙江	鸡山岛	80.7	优	73	浙江	大洋山岛	72.5	良
46	浙江	状元岙岛	80.8	优	74	福建	岱嵩岛	29.0	差
47	浙江	大门岛	81.3	优	75	福建	浯屿	51.2	中
48	浙江	洞头岛	71.9	良	76	福建	浒茂洲	72.2	良
49	浙江	霓屿岛	75.9	良	77	福建	鸡心屿	78.0	良
50	浙江	花岗岛	93.3	优	78	福建	火烧屿	93.1	优
51	浙江	灵昆岛	58.7	中	79	福建	吾屿	103.3	优
52	浙江	过巷屿	71.5	良	80	福建	鼓浪屿	65.9	良

序号	行政隶属	海岛名称	生态指数	评价结果	序号	行政隶属	海岛名称	生态指数	评价结果
81	福建	大嶝岛	56.3	中	107	广东	蟾蜍洲	73.0	良
82	福建	小嶝岛	64.4	中	108	广东	白鹤仔南岛	70.0	良
83	福建	赤山	59.5	中	109	广东	三杯酒二岛	60.0	中
84	福建	三都岛	67.3	良	110	广东	南澳三礁	75.0	良
85	福建	鸟屿	35.6	差	111	广东	金叶岛	42.9	差
86	福建	长腰岛	56.1	中	112	广东	小岛	63.9	中
87	福建	西洋岛	78.7	良	113	广东	骑鳌岛	72.2	良
88	福建	虾山岛	73.8	良	114	广东	南三岛	42.4	差
89	福建	雷江岛	68.5	良	115	广东	硇洲岛	50.01	中
90	福建	西台山	70.0	良	116	广东	公港岛	50.00	中
91	福建	东星岛	53.3	中	117	广东	土港岛	53.8	中
92	福建	北礁岛	71.2	良	118	广东	新寮岛	52.5	中
93	福建	霞浦大礁屿	83.0	优	119	广东	大茅岛	33.1	差
94	福建	东珠屿	78.0	良	120	广东	横琴岛	62.8	中
95	福建	波洲岛	74.5	良	121	广东	大万山岛	90.1	优
96	福建	北猫山	73.4	良	122	广东	桂山岛	73.8	良
97	福建	东洛岛	75.0	良	123	广东	外伶仃岛	94.3	优
98	福建	前屿	68.4	良	124	广西	七星岛	43.4	差
99	福建	大练岛	72.7	良	125	广西	南域围	41.7	差
100	福建	小庠岛	72.6	良	126	广西	四方岛	79.5	良
101	福建	草屿	78.7	良	127	广西	龙门岛	52.0	中
102	福建	屿头岛	71.5	良	128	广西	长榄岛	54.0	中
103	福建	青屿	77.1	良	129	海南	海甸岛	55.9	中
104	广东	海山岛	42.8	差	130	海南	鸭公岛	55.0	中
105	广东	木棉山岛	7.6	差					
106	广东	大三门岛	59.8	中					

海岛生态指数和发展指数报告（2018）

一、不同开发利用类型海岛生态指数分布

渔业是我国海岛的传统主导产业，随着沿海地区社会经济快速发展，海岛地区逐步探索多元产业、综合发展。不同开发利用类型海岛生态指数情况见图 3.1-1 和表 3.1-2。

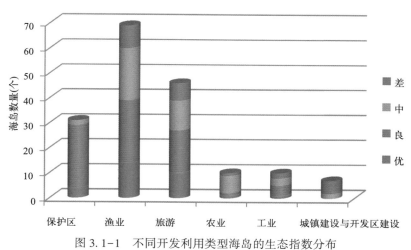

图 3.1-1　不同开发利用类型海岛的生态指数分布

表 3.1-2　不同开发利用类型海岛生态指数统计

海岛类型	海岛数量（个）*	生态指数				生态状态			
		最小值	最大值	平均值	中位值	优（%）	良（%）	中（%）	差（%）
保护区	31	60	107.9	75.6	74.5	12.9	80.6	6.5	0
渔业	69	29	99.7	66.2	67.3	20.3	36.2	30.4	13.0
旅游	46	32	95.6	66.9	66.6	21.7	37.0	26.1	15.2
农业	10	33.1	80.4	58.4	56.6	10.0	10.0	70.0	10.0
工业	10	42.8	82	62.7	62.35	10.0	40.0	30.0	20.0
城镇建设与开发区建设	7	7.6	62.3	42.4	43.2	0	0	28.6	71.4

* 表示具有多种产业的海岛分别纳入各类型统计，因此有重复。

1. 保护区海岛生态指数

评价的保护区海岛有 31 个，其中 30 个为无居民海岛，1 个为有居民海岛。保护区海岛生态状态优良率为 93.5%，无生态状态差的海岛，反映出我国保护区海岛整体生态状态良好，保护得当。其中，保护区海岛生态优的比例较低，良的比例高，主要原因是所评估海岛多为面积较小海岛，未采取制定海岛保护规划等管理举措，部分海岛

无植被覆盖。

2. 渔业海岛生态指数

渔业是我国海岛的传统支柱产业，大多数渔业海岛都处在产业转型升级过程中，海岛的环境治理和生态保护也在逐步完善。评价的开展渔业生产的海岛有 69 个，其中以渔业为主导产业的海岛 64 个，渔业与其他产业兼容发展的海岛 5 个。渔业海岛生态状态优良率为 56.5%，以优良海岛为主，生态状态差的海岛占 13.0%，整体状况尚好。污水处理率、海岛保护规划制定和实施与否、海岛周边海域水质是影响渔业海岛生态状态的主要因素。

3. 旅游海岛生态指数

旅游业是我国海岛地区近年重点发展的产业，具有良好景观资源和历史人文底蕴的海岛都开展了具有特色的旅游开发，但目前海岛旅游开发还存在着环境保护设施不完备、旅游产品雷同、缺乏深度旅游和精品旅游等问题。评价的开展旅游开发的海岛有 46 个。旅游海岛的生态状态优良率为 58.7%，以优良海岛为主，生态状态差的海岛占 15.2%，整体状况尚好。污水处理率、自然岸线保有率、海岛周边海域水质是影响旅游海岛生态状态的主要因素。

4. 农业海岛生态指数

在我国，仅面积较大的有居民海岛开展农业生产。由于种植农作物占据海岛较大面积，所以农业海岛自然植被的覆盖率都很低。评价的开展农业种植的海岛有 10 个。农业海岛的生态状态优良率仅为 20.0%，生态状态中的海岛占 70%，生态状态差的海岛占 10.0%。植被覆盖率、自然岸线保有率、污水处理率和海岛保护规划制定与实施与否是影响农业海岛生态状态的主要因素。

5. 工业海岛生态指数

基础设施的完善和邻近大陆经济的快速发展为海岛发展工业提供了可能。我国以保护海岛为主，工业产业准入门槛高，要求前期充分论证，配套完备环境保护设施。评价的开展工业开发的海岛有 10 个。工业海岛的生态状态优良率为 50%，以优良海岛为主，生态状态差的海岛占 20%，整体状况尚好。自然岸线保有率、海岛周边海域水质和岛陆建设面积比例是影响工业海岛生态状态的主要因素。

6. 城镇建设与开发区建设海岛生态指数

我国大多数海岛为沿岸海岛，部分海岛离城市近，纳入城市规划进行发展，成为新城镇或高新区的一部分，建设强度大。评价的城镇建设与开发区建设海岛有 7 个，无生态状态优良的海岛，生态状态差的海岛占比 71.4%，整体状况差。该类海岛往往处在高强度建设中，环保设施建设滞后，全部评价指标均表现较差，亟待实施必要的生态建设和修复。

二、不同区域海岛生态指数分布

本次评价的 130 个海岛中，东海区生态优良的海岛比例最高，为 74.6%，其次是黄渤海区海岛，生态优良的海岛比例 62.6%，南海区生态优良的海岛比例为 29.6%（图 3.1-2 和表 3.1-3）。参评的黄渤海区、东海区、南海区海岛平均生态指数值依次为 70.5、70.1 和 57.5，黄渤海区和东海区参评海岛平均达到了生态"良"的水平标准，而南海区参评海岛仅达到中等的水平。污水处理设施不完善、没有制定实施海岛保护规划以及植被覆盖率和自然岸线保有率低，是南海区参评海岛生态指数偏低的主要原因。

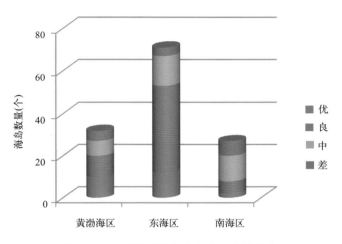

图 3.1-2　不同区域海岛的生态指数分布

表 3.1-3　不同区域海岛生态指数统计

所属海区	海岛数量（个）	生态指数				生态状态			
		最小值	最大值	平均值	中位值	优（%）	良（%）	中（%）	差（%）
黄渤海区	32	37.0	99.7	70.5	73.7	31.3	31.3	21.9	15.6
东海区	71	29.0	103.3	70.1	71.6	16.9	57.7	19.7	5.6
南海区	27	7.6	94.3	57.5	55.0	7.4	22.2	44.4	25.9

三、有居民海岛和无居民海岛生态指数分布

有居民海岛生态优良比例为 52.0%，生态状态为中和差的海岛占比 48.0%。无居民海岛生态优良的海岛占比 96.7%，生态状态为中和差的海岛占比 3.3%（图 3.1-3 和

表 3.1-4)。从指数均值和优良比例来看，评估的 130 个海岛中，无居民海岛生态状况好于有居民海岛。

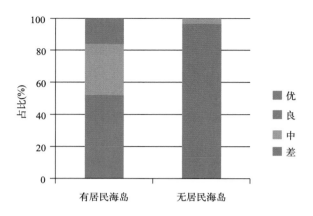

图 3.1-3　有居民海岛和无居民海岛生态指数分布

表 3.1-4　有居民海岛和无居民海岛生态指数统计

所属海区	海岛数量（个）	生态指数				生态状态			
		最小值	最大值	平均值	中位值	优（%）	良（%）	中（%）	差（%）
有居民海岛	100	7.6	99.7	65.0	66.2	20.0	32.0	32.0	16.0
无居民海岛	30	60	103.3	76.2	75.1	13.3	83.3	3.3	0.0

第二节　海岛生态指数分析

一、生态指数综合分析

1. 生态优的海岛指数与指标分析

生态优的海岛全部指标均表现良好。在生态环境方面，生态优的海岛平均植被覆盖率 66.7%，平均自然岸线保有率达到 83.3%，83.3% 的海岛周边海域水质 2017 年全年均达到国家第一类和第二类海水水质标准，东海北部海岛、河口海岛及离岸很近海岛受大陆影响，周边海域全年水质未达到国家第二类海水水质标准。在生态利用方面，生态优的海岛平均污水处理率为 83.3%，平均垃圾处理率为 94.3%，岛陆建设用地面积比例最大为 45.4%，79.2% 的海岛岛陆建设面积比例小于 20%，指标得分均值为 97.5。生态优的海岛建设比例均较小，环境保护设施配套良好，对海岛生态环境影响微弱。在生态管理方面，制定并实施了海岛规划的占 66.7%，制定规划或待实施的海岛占 12.5%，没有规划的海岛 5 个，占 20.8%。生态优的海岛大部分采取了积极有效的生态管理措施，但仍有部分海岛尚需加强海岛的保护和管理。在特色保护方面，75%生态优的海岛开展了生态特色保护，特色指标平均得分 5.4（表 3.2-1）。

表 3.2-1　海岛生态指数指标得分均值

海岛生态状态	植被覆盖率	自然岸线保有率	海岛周边海域水质状况	岛陆建设用地面积比例	污水处理率	垃圾处理率	海岛规划制定及实施	特色保护
优	66.7	83.3	86.7	97.5	83.3	94.3	72.9	5.4
良	34.8	78.3	73.2	96.8	80.6	94.8	35.1	3.9
中	42.5	48.1	61.2	86.9	39.3	77.1	45.5	1.3
差	28.5	29.2	25.0	79.7	15.4	41.5	31.3	2.4

2. 生态良的海岛指数与指标分析

生态良的海岛大部分指标表现良好。在生态环境方面，生态良的海岛平均植被覆盖率为 34.8%，平均自然岸线保有率为 78.3%，66.7%的海岛周边海域水质在 2017 年全年均达到国家第一类、第二类海水水质标准。生态良的海岛生态环境三个指数表现均不及生态优的海岛，植被覆盖率差异显著，整体生态状况水平下降。在生态利用方面，生态良的海岛平均污水处理率为 80.6%，平均垃圾处理率为 94.8%，岛陆建设用地面积比例最大为 64.2%，得分均值为 96.8。生态良的海岛建设比例较小，环境保护设施配套较好，对海岛生态环境影响较小。在生态管理方面，制定并实施了海岛规划的占 28.1%，制定规划或待实施的海岛占 14.0%，没有规划的海岛占 57.9%，生态良的海岛大部分未采取积极有效的生态管理措施，亟待加强。在特色保护方面，70.2%生态良的海岛开展了生态特色保护，特色指标平均得分 3.9（表 3.2-1）。

3. 生态中的海岛指数与指标分析

生态中的海岛仅个别指标表现良好，大部分指标表现一般。在生态环境方面，生态中的海岛平均植被覆盖率为 42.5%，平均自然岸线保有率为 48.1%，62.5%的海岛周边海域水质在 2017 年全年均达到国家第一类、第二类海水水质标准。生态中的海岛在生态环境三个指数中，植被覆盖率、自然岸线保有率表现不及生态优良的海岛。在生态利用方面，生态中的海岛平均污水处理率为 39.3%，平均垃圾处理率为 77.1%，岛陆建设用地面积比例最大为 83.2%，建设比例小于 20%的海岛仅占 37.5%。生态中的海岛建设比例较大，污水和垃圾处理设施配套低，处理率较小，对海岛生态环境具有一定影响。与生态良的海岛相比，海岛生态利用的岛陆建设用地面积比例较高，污水和垃圾处理能力明显不足。在生态管理方面，制定并实施了海岛规划的占 40.6%，制定但未实施规划的海岛占 9.4%，没有规划的海岛占 50.0%，生态中的海岛大部分未采取积极有效的生态管理措施。在特色保护方面，53.1% 生态中的海岛开展了生态特色保护，特色指标平均得分 1.3（表 3.2-1）。

4. 生态差的海岛指数与指标分析

生态差的海岛大部分指标表现一般。在生态环境方面，生态差的海岛平均植被覆盖率为 28.5%，平均自然岸线保有率为 29.2%，周边海域水质在 2017 年全年均达到国家第一类、第二类海水水质标准的海岛仅占 25.0%。生态差的海岛生态环境三个指数均表现欠佳。在生态利用方面，生态差的海岛平均污水处理率为 15.4%，平均垃圾处理率为 41.5%，岛陆建设用地面积比例最大为 86.9%，43.8% 的海岛建设比例低于 20%，得分均值为 79.7，生态差的海岛建设比例普遍较大。与生态中的海岛相比，岛陆建设用地面积比例小，但污水和垃圾处理率更低，影响海岛的生态保护。在生态管理方面，25.0% 生态差的海岛制定并实施了海岛规划，采取了积极有效的生态管理措施，制定但未实施海岛规划的占 12.5%，没有相关规划的海岛占 62.5%。在特色保护方面，56.3% 生态差的海岛开展了生态特色保护，特色指标平均得分 2.4，高于生态中的海岛（表 3.2-1）。综合分析，植被覆盖率低、岛陆建设用地面积比例过高、保护措施及环保设施不足严重影响了海岛的生态环境状况。

二、各分指数的指标分析

1. 海岛生态指数与分指数

海岛生态指数是由生态环境、生态利用和生态管理三个方面组成。生态环境分指数和生态利用分指数与海岛生态指数分布趋势一致，对海岛生态指数起决定作用。生态环境分指数、生态利用分指数表现出相关性，即生态环境分指数得分较高的岛，其生态利用分指数得分也较高；反之，生态环境分指数得分较低的岛，其生态利用分指数得分也相对偏低。其中，生态利用分指数表现好于生态环境分指数，生态管理分指数与生态指数相关性不显著。

生态环境分指数指标值普遍偏低，平均值仅 56.3，最大值为 96.9，是海岛生态指数的最重要制约因素。生态利用分指数主要体现人类与海岛生态环境的相互关系，其均值为 80.3，中位数为 89.3，最大值为 100。总体来看，除部分开发区海岛外，大部分海岛开发和利用活动对海岛未产生严重的不良影响。2017 年海岛生态管理分指数在评估海岛间区别度不大，大多数海岛得分未能达到 100，仅一半海岛编制了海岛保护相关规划，体现了评估海岛生态保护政策与措施落实尚待加强。生态保护指标平均得分 3.4，65.4% 的海岛有特色保护内容并采取了积极的保护措施。

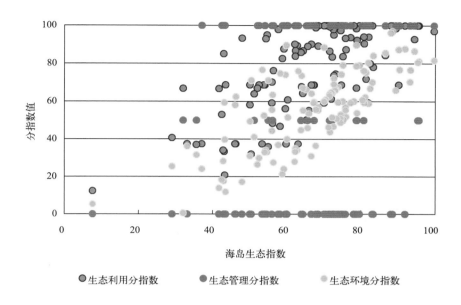

统计内容	最小值	最大值	极差	均值	中位数
海岛生态指数	7.6	103.3	95.7	67.6	70.2
生态环境分指数	0.5	96.9	96.4	56.3	60.0
生态利用分指数	12.4	100.0	87.6	80.3	89.3
生态管理分指数	0	100.0	100.0	44.2	50.0

图 3.2-1　海岛生态指数的各分指数值分布

2. 生态环境分指数主要影响指标分析

　　海岛植被覆盖率是 2017 年评估海岛生态环境分指数的主要限制指标，得分均值仅41.9，仅 38 个海岛的植被覆盖率高于 60%，占评估海岛总数的 29.2%。自然岸线保有率指标表现相对较好，34.6% 的海岛自然岸线保有率大于 85%。总体来说，海岛生态环境分指数的三个指标对生态指数发挥基础作用。

　　生态环境分指数与其三个指标的关系：植被覆盖率指标和自然岸线保有率指标表现出高度相关性，海岛周边海域水质状况指标与其他指标的相关性和一致性较弱。生态优的海岛生态环境分指数表现良好，三个指标表现一致；生态良和生态中的海岛的自然岸线保有率和周边海域水质状况为良好指标，植被覆盖率是不利指标；生态差的海岛生态环境分指数普遍较低。

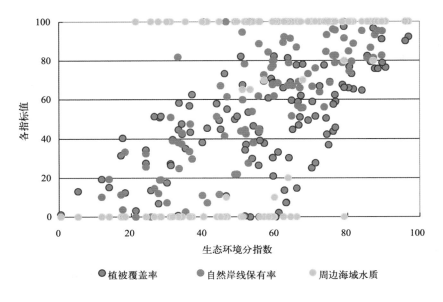

统计内容	最小值	最大值	极差	均值	中位数	标准差
生态环境分指数	0.5	96.9	96.4	56.3	60.0	20.2
植被覆盖率	0	97.5	97.5	41.9	44.9	27.9
自然岸线保有率	0	100.0	100.0	65.5	73.9	31.9
周边海域水质状况	0	100.0	100.0	66.7	100.0	46.0

图 3.2-2　海岛生态指数生态环境分指数各指标分布

3. 生态利用分指数主要影响指标分析

2017 年污水处理率指标是海岛生态利用分指数的主要限制指标，指标均值仅 62.6，超过一半的海岛未实现污水 100% 处理。岛陆建设用地面积比例指标和垃圾处理率指标则表现较好，50% 的海岛岛陆建设用地面积比例小于 20%，75% 的海岛实现 100% 垃圾处理率。加强环境保护基础设施建设，提高海岛污水处理能力，有利于减少人类活动对海岛生态环境的影响，改善海岛生态状况。

4. 生态管理分指数的指标情况

海岛生态管理分指数仅设置了"海岛保护与利用规划制定及实施情况"一个指标。38% 的海岛制定并实施了海岛的单岛规划或城乡规划，13.1% 的海岛正在编制或已经编制待实施海岛的规划，49.2% 的海岛未编制相关规划。"海岛保护与利用规划制定及实施情况"是 2017 年评估海岛的生态指数的阻滞指标。

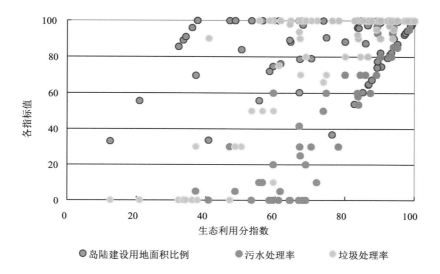

统计内容	最小值	最大值	极差	均值	中位数	标准差
生态利用分指数	12.4	100.0	87.6	80.3	89.3	22.5
岛陆建设用地面积比例	33.1	100.0	66.9	92.3	100.0	14.4
污水处理率	0	100.0	100.0	62.6	93.0	43.5
垃圾处理率	0	100.0	100.0	83.6	100.0	33.1

图 3.2-3 海岛生态指数生态利用分指数各指标分布

5. 特色保护指标情况

特色保护指海岛"珍稀濒危物种及栖息地、古树名木、自然和历史人文遗迹等保护情况",各类特色保护情况统计见表 3.2-2。海岛特色保护指标平均得分 3.4,65.4%的海岛有特色保护内容并采取了积极的保护措施,6 个海岛具有多项保护内容,得 10 分。自然、历史景观遗迹在海岛分布普遍,超过 30%的海岛拥有自然、历史景观遗迹并采取了保护措施。14.6%的海岛是珍稀濒危生物的栖息地并进行了保护。

表 3.2-2 海岛生态指数特色保护指标情况统计

特色保护内容	指标得分	海岛数(个)	占比(%)
没有特色保护内容和措施	0	45	34.6
有古树名木或一般自然、历史景观遗迹并采取了保护	2	19	14.6
有古树名木和一般自然、历史景观遗迹并采取了保护	4	2	1.5

特色保护内容	指标得分	海岛数（个）	占比（%）
有省级以上历史人文遗迹或非物质文化遗产并采取了保护	5	13	10.0
有省级及以上历史人文遗迹或非物质文化遗产和其他自然历史遗迹，并采取了保护；或有省级以上历史人文遗迹或非物质文化遗产和古树名木，并采取了保护	7	6	4.6
珍稀濒危生物的栖息地并采取保护措施	8	19	14.6
采取以上多项保护措施，累计得分大于等于10分	10	6	4.6

第四章

海岛发展指数评价结果

第一节 海岛发展指数评价结果

2017 年评估的 100 个有居民海岛发展指数评价结果及排名见表 4.1-1 和图 4.1-1。海岛发展指数平均值 70.2，发展指数得分最高的是鼓浪屿，得分为 95.7，其次是虾峙岛(95.6)、大黑山岛(93.7)、外伶仃岛(93.6)和状元岙岛(93.1)，而东星岛、大茅岛和鸭公岛等海岛指数排名靠后，指数得分最高的海岛比得分最低的海岛高出近两倍多。发展指数总体均匀分布(图 4.1-2)，70~80 分占比相对较高，为 24%，反映出近年来我国海岛发展取得了长足的进步，但是总体尚处于中等发展水平，海岛发展不均衡，岛间发展水平差距较大，仍有很大发展空间和潜力。

鼓浪屿经过科学规划、完善立法、精细保护，在综合治理、文化传承方面都走在其他海岛前列。经济发展、生态环境、社会民生、文化建设、社区治理等分指数值和综合成效指标值均较高，实现了"五位一体"综合发展目标。发展指数较低的海岛，主要存在人口数量少、地方财政收入和人均收入低、海岛交通和岛上基础设施较差等问题。海岛发展思路和方向，如有些海岛实施"迁出"政策，也对海岛发展影响较大。

表 4.1-1 2017 年海岛发展指数评价结果

序号	行政隶属	海岛名称	发展指数值	排名	序号	行政隶属	海岛名称	发展指数值	排名
1	辽宁	大王家岛	88.6	14	7	辽宁	骆驼岛	48.8	91
2	辽宁	大长山岛	76.4	41	8	辽宁	塞里岛	59.6	73
3	辽宁	凤鸣岛	57.6	76	9	辽宁	石城岛	79.2	31
4	辽宁	格仙岛	51.5	84	10	辽宁	寿龙岛	54.5	79
5	辽宁	海洋岛	72.2	48	11	辽宁	西蚂蚁岛	46.3	94
6	辽宁	黑岛	49.6	88	12	辽宁	小长山岛	67.6	59

序号	行政隶属	海岛名称	发展指数值	排名	序号	行政隶属	海岛名称	发展指数值	排名
13	辽宁	长兴岛	67.3	61	41	浙江	衢山岛	81.3	27
14	辽宁	小岛	68.1	58	42	浙江	秀山岛	87.9	16
15	辽宁	獐岛	74.6	46	43	浙江	长白岛	71.2	51
16	辽宁	觉华岛	81.1	28	44	浙江	金塘岛	88.2	15
17	山东	养马岛	68.4	57	45	浙江	册子岛	74.6	45
18	山东	南长山岛	86.8	20	46	浙江	白沙山岛	88.9	12
19	山东	砣矶岛	87.3	18	47	浙江	庙子湖岛	65.0	63
20	山东	南隍城岛	91.5	9	48	浙江	蚂蚁岛	86.6	21
21	山东	北隍城岛	77.3	35	49	浙江	登步岛	74.8	44
22	山东	大钦岛	91.9	8	50	浙江	虾峙岛	95.6	2
23	山东	小钦岛	70.9	52	51	浙江	朱家尖岛	83.8	24
24	山东	大黑山岛	93.7	3	52	浙江	普陀山岛	87.6	17
25	江苏	羊山岛	53.5	81	53	浙江	泗礁山岛	80.9	29
26	上海	横沙岛	69.1	56	54	浙江	嵊山岛	77.0	38
27	浙江	大榭岛	60.3	70	55	浙江	大黄龙岛	71.3	50
28	浙江	高塘岛	82.3	26	56	浙江	大洋山岛	78.0	34
29	浙江	东门岛	77.3	36	57	福建	岱嵩岛	47.3	93
30	浙江	蛇蟠岛	78.4	32	58	福建	浯屿	60.1	71
31	浙江	龙山岛	54.7	78	59	福建	浒茂洲	76.6	39
32	浙江	茅埏岛	78.2	33	60	福建	鼓浪屿	95.7	1
33	浙江	鸡山岛	92.1	7	61	福建	大嶝岛	75.7	43
34	浙江	状元岙岛	93.1	5	62	福建	小嶝岛	64.3	65
35	浙江	大门岛	90.9	10	63	福建	赤山	53.3	82
36	浙江	洞头岛	92.6	6	64	福建	三都岛	77.0	37
37	浙江	霓屿岛	86.1	22	65	福建	鸟屿	43.3	97
38	浙江	花岗岛	70.8	53	66	福建	长腰岛	45.6	95
39	浙江	灵昆岛	90.9	11	67	福建	西洋岛	61.9	68
40	浙江	小长涂山岛	86.1	23	68	福建	虾山岛	51.6	83

序号	行政隶属	海岛名称	发展指数值	排名	序号	行政隶属	海岛名称	发展指数值	排名
69	福建	雷江岛	49.4	90	85	广东	南三岛	65.6	62
70	福建	西台山	62.3	67	86	广东	硇洲岛	53.9	80
71	福建	东星岛	41.1	100	87	广东	公港岛	48.4	92
72	福建	东洛岛	54.9	77	88	广东	土港岛	49.6	89
73	福建	前屿	73.1	47	89	广东	新寮岛	79.2	30
74	福建	大练岛	58.5	75	90	广东	大茅岛	41.6	99
75	福建	小庠岛	50.5	85	91	广东	横琴岛	82.8	25
76	福建	草屿	64.7	64	92	广东	大万山岛	86.8	19
77	福建	屿头岛	67.6	60	93	广东	桂山岛	88.7	13
78	福建	青屿	76.1	42	94	广东	外伶仃岛	93.6	4
79	广东	海山岛	61.8	69	95	广西	七星岛	49.9	86
80	广东	木棉山岛	43.3	96	96	广西	南域围	62.4	66
81	广东	大三门岛	49.8	87	97	广西	龙门岛	72.1	49
82	广东	金叶岛	59.8	72	98	广西	长榄岛	69.3	55
83	广东	小岛	69.7	54	99	海南	海甸岛	76.4	40
84	广东	骑鳌岛	58.8	74	100	海南	鸭公岛	42.5	98

一、不同主导开发类型海岛发展指数

根据各海岛的开发利用主导类型，可将 100 个有居民海岛分为四类：旅游型海岛、渔业型海岛、农业型海岛和工业型海岛。在 SPSS 里用 Duncan 法进行多组样本间差异显著性分析，结果见表 4.1-2。结果显示旅游型海岛发展指数最高，渔业型海岛和工业型海岛指数相当，处于平均水平，农业型海岛发展指数最低。

不同类型海岛的发展指数分指数也表现出一定的特征（图 4.1-3）。不同类型海岛在社会民生和文化建设两个方面发展水平均较高，且发展较为均衡，差异不显著。在生态环境和社区治理方面，海岛发展总体尚可，但不同类型海岛差异显著，其中工业型海岛生态环境方面、农业型海岛社区治理方面得分低于其他类型海岛。在经济发展方面，海岛地区经济发展总体不及我国沿海省（自治区、直辖市）的平均水平，不同类型海岛间差异不显著，工业型海岛和旅游型海岛经济发展相对较好。

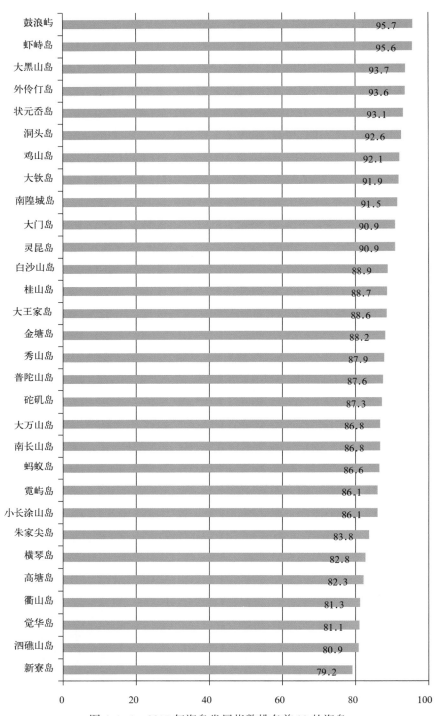

图 4.1-1　2017 年海岛发展指数排名前 30 的海岛

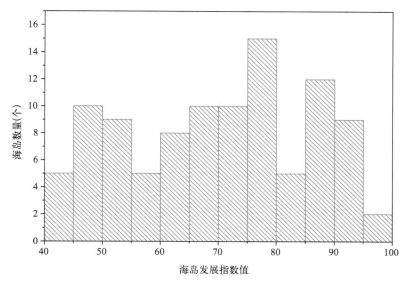

图 4.1-2　海岛发展指数分布直方图

表 4.1-2　不同开发利用主导类型的海岛发展指数评价结果

评价指标	旅游型海岛	渔业型海岛	工业型海岛	农业型海岛	平均值
海岛数量(个)	25	57	11	7	—
发展指数	76.61±12.72a	68.44±15.58ab	69.17±15.72ab	62.82±17.78b	70.17±15.39
经济发展	41.45±19.24a	33.77±20.4a	48.89±25.44a	33.82±26.21a	37.36±21.43
社会民生	82.25±13.66a	73.22±18.98a	78.16±20.47a	79.4±17.74a	76.45±18.05
生态环境	65.32±16.2ab	68.97±15.59a	48.97±19.58c	56.19±11.6bc	64.96±17.06
文化建设	92.6±11.81a	85.98±13.68a	86.96±13.62a	85.98±11.87a	87.74±13.23
社区治理分指数	72.23±23.11a	60.26±27.6ab	71.56±28.94a	47.44±33.35b	63.59±27.63

a，b，c 表示在 $P<0.05$ 时显著差异，若字母相同，表示无显著差异；字母不同，则表示存在显著差异。后同类表注相同。

　　旅游型海岛的社会民生、文化建设、社区治理方面总体优于农业型海岛、渔业型海岛和工业型海岛，且发展成效最为突出。近年来，随着生活水平的提高，人们对于旅游的需求越来越高，海岛以其特有的海岛风光，吸引大批游客前来观光。总体上，旅游型海岛发展成效最突出，但岛间仍存在差距，发展水平参差不齐，仍需进一步挖掘海岛旅游发展潜力，同时更加注重海岛生态环境保护。

　　同 2016 年评估的工业型海岛相似，2017 年工业型海岛经济发展实力明显高于农业型海岛和渔业型海岛，但生态环境质量明显劣于其他三种产业类型海岛，需要在经济发展的过程中加强生态环境保护。例如，浙江大榭岛的经济发展指标位居第一，经济

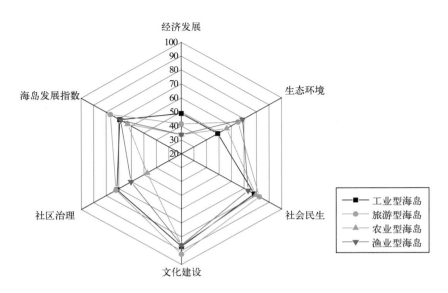

图 4.1-3　不同开发利用主导类型的海岛发展指数对比情况

实力明显强于其他海岛，但在生态环境、社会民生等方面建设欠佳。大榭岛综合成效发展在 100 个海岛中仅排第 70 位。

　　渔业型海岛发展水平尚好，各方面发展较为均衡。但渔业型海岛产业单一、抗风险能力弱，经济实力尚待提高，产业转型升级压力较大。渔业型海岛社区治理相对薄弱，社会民生保障也有改进空间。

　　农业型海岛的经济发展、社会民生和文化建设方面与渔业型相当，生态环境和社区治理相对落后，综合成效不突出。亟待推动产业转型升级、提高经济实力、加强社区治理和环境保护。

二、不同区域海岛发展指数

　　2017 年评估的 100 个海岛在三个海区中的发展指数分指数情况如图 4.1-4 所示。东海区海岛发展指数均值最高，黄渤海区海岛次之，南海区海岛最低，该结果同 2016 年评估结果相一致。黄渤海区海岛的生态环境分指数、文化建设分指数值均高于另外两个海区的海岛，发展指数略低于东海区。东海区海岛的经济发展分指数、社区治理分指数值高于另外两个海区的海岛，生态环境分指数、社会民生分指数和文化建设分指数值在三个海区中均位列第二。南海区社会民生分指数值高于其他两个海区，但经济发展、生态环境和文化建设能力较弱，总体发展水平在三个海区中处于劣势。综上可以看出，影响黄渤海区海岛发展水平的主要因素是社会民生和社区治理；南海区海岛发展的主要制约因素是经济发展和生态环境；东海区海岛各方面建设能力均衡，但相较于沿海省(自治区、直辖市)仍有较大的发展空间。

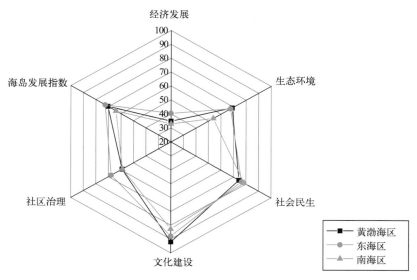

图 4.1-4　不同海区海岛发展指数对比情况

在 SPSS 里用 Duncan 法进行多组样本间差异显著性分析，结果见表 4.1-3。不同海域海岛在经济发展、社会民生、社区治理和综合成效方面不存在显著差异。在生态环境方面，三个海区的海岛组间存在显著差异；东海区海岛和北海区海岛显著高于南海区海岛，北海区海岛和东海区海岛不存在显著差异。在文化建设方面，北海区海岛显著高于南海区海岛。北海区海岛发展指数总体显著高于南海区海岛。

表 4.1-3　不同海区海岛发展指数评价结果

评价指标	黄渤海区	东海区	南海区	平均值
海岛数量(个)	25	53	22	—
经济发展	34.85±15.78a	40.4±22.17a	32.88±24.74a	37.36±21.43
生态环境	68.93±16.48b	67.69±14.18b	53.87±19.94a	64.96±17.06
社会民生	74.41±17.16a	76.54±19.62a	78.57±15.38a	76.45±18.05
文化建设	92±12.96b	87.83±12.91ab	82.7±13.12a	87.74±13.23
社区治理	59.09±27.69a	67.7±25.44a	58.83±32.08a	63.59±27.63
发展指数	70.51±14.84b	72.59±14.98ab	63.94±15.91a	70.17±15.39

三、乡镇级有居民海岛和村级有居民海岛发展指数

评估的 100 个有居民海岛乡镇级有居民海岛 60 个，海岛发展指数平均为 78.76；村级有居民海岛 40 个，发展指数平均为 57.29。乡镇级海岛综合发展水平显著高于村

级海岛（表4.1-4）。乡镇级有居民海岛在经济发展、生态环境、社会民生、文化建设、社区治理和综合成效各方面发展情况均优于村级有居民海岛。乡镇级有居民海岛和村级有居民海岛发展差距显著，海岛面积、人口、资源以及政策倾斜等制约和限制村级海岛发展。提高海岛地区整体发展水平，需要重视村级海岛建设，探索村级海岛特色发展模式。

表4.1-4　乡镇级有居民海岛和村级有居民海岛发展指数对比

评价指标	乡镇级有居民海岛	村级有居民海岛	全部有居民海岛
发展指数	78.76±10.61a	57.29±12.12b	70.16±15.39c
经济发展	43.4±17.75a	28.3±23.44b	37.36±21.43a
生态环境	68.12±15.33a	60.22±18.57b	64.96±17.06ab
社会民生	82.84±14.83a	66.88±18.38b	76.45±18.05c
文化建设	90.3±12.48a	83.92±13.56b	87.74±13.23ab
社区治理	78.04±19.94a	41.93±23.10b	63.59±27.63c
综合成效	7.23±5.2c	2±3.81a	5.14±5.34b

第二节　海岛发展指数分指数分析

将2017年评估的100个有居民海岛排名前20名的海岛作为一组，代表发展较好的海岛；排名在40~60名的海岛作为一组，代表发展中等的海岛；排名在后20名的海岛作为一组，代表发展较差的海岛；再进行差异显著性分析。结果显示（表4.2-1），经济发展分指数、生态环境分指数和文化建设分指数在发展较好的海岛和发展中等的海岛中差异不大，但均显著好于发展较差的海岛；社会民生分指数、社区治理分指数和综合成效在三类海岛间差异显著。发展较好的海岛，经济发展是相对的短板；发展中等的海岛仍需提升经济发展、社区治理和综合成效等方面；发展较差的海岛，各方面均需提高。

表4.2-1　不同发展水平的海岛发展指数分指数对比结果

评价指标	发展较好的海岛	发展中等的海岛	发展较差的海岛
经济发展	44.7±16.52a	43.68±15.51a	20.3±21.36b
生态环境	74.61±11.72a	67.31±15.18a	52.45±18.97b
社会民生	91.19±6.6a	80.47±13.76b	58.62±16.04c
文化建设	94.09±10.96a	91.86±12.71a	79.35±12.88b

评价指标	发展较好的海岛	发展中等的海岛	发展较差的海岛
社区治理	89.15±8.74a	64.31±18.88b	31.94±19.98c
综合成效	12.5±2.37a	3.15±3.12b	0.5±1.24c
发展指数	90.42±3.16a	71.67±2.93b	47.84±3.81c

一、经济发展分指数

当海岛经济发展分指数值超过 60 分，表明海岛经济发展水平超过沿海省(自治区、直辖市)经济发展平均水平。从图 4.2-1 可知，海岛经济发展水平超过沿海省(自治区、直辖市)平均水平的海岛仅有 17 个，大多数海岛得分小于 60 分，小于 40 分的海岛超过 50%，真实地反映了海岛的经济发展水平普遍低于沿海省(自治区、直辖市)经济发展平均水平，是沿海的经济欠发达地区。经济发展分指数得分排名靠前的为工业型海岛大榭岛(98.2)、旅游型海岛鼓浪屿(87.6)、工业型海岛木棉山岛(78.9)和渔业型海岛大洋山岛(76.1)。海岛经济发展与产业、资源、人口、区位及可通达性密切相关，部分交通和基础设施较差的不宜居住海岛已实现全岛搬离，如鸟屿、雷江岛等。

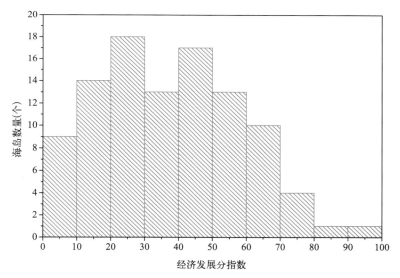

图 4.2-1　海岛发展指数的经济发展分指数分布直方图

如图 4.2-2 所示，经济发展分指数与单位面积财政收入指标、居民人均可支配收入指标表现出高度的正相关性，同时，单位面积财政收入指标、居民人均可支配收入指标表现出较高的相关性和趋势一致性。一般而言，财政收入较高的海岛，其居民人均可支配收入也较高。

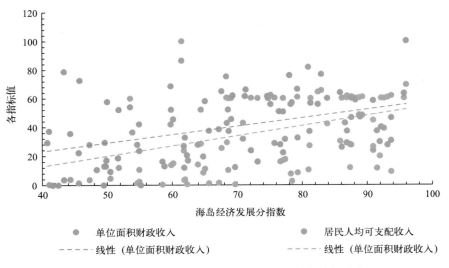

图 4.2-2　海岛发展指数的经济发展分指数各指标分布

二、生态环境分指数

图 4.2-3 是评估的 100 个有居民海岛生态环境分指数分布直方图。从图中可知，海岛生态环境分指数整体较好，超过 60 分的海岛占 62%，超过 80 分的海岛占 17%，60% 海岛的分指数值集中分布在 55~80 分，反映出大部分海岛生态环境分指数对海岛发展指数起积极作用，海岛在综合发展中重视生态环境的保护和能力建设。生态环境分指数得分排名靠前的为渔业型海岛龙山岛（98.7）、渔业型海岛小钦岛（94.9）、渔业型海岛砣矶岛（92.4）和渔业型海岛大黑山岛（91.9），工业型海岛木棉山岛得分最低，为 7.7 分。

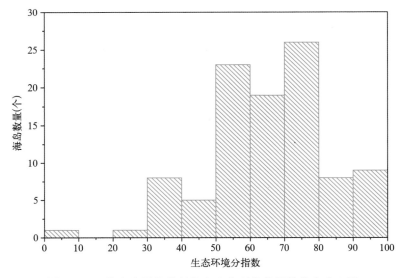

图 4.2-3　海岛发展指数的海岛生态环境分指数分布直方图

表 4.2-2 是海岛生态环境分指数与分指标值之间相关性分析结果。从表中可知，生态环境分指数与植被覆盖率、自然岸线保有率、岛陆建设用地面积比例、海水水质达标率、污水处理率和垃圾处理率六个指标在 0.01 水平（双侧）上显著正相关。植被覆盖率指标、自然岸线保有率指标和岛陆建设用地面积比例指标表现出较强相关性，即植被覆盖率高的海岛，其岛陆建设用地面积比例低、自然岸线比例高。海水水质达标率指标与自然岸线保有率指标表现出相关性，垃圾处理率指标和污水处理率指标在 0.01 水平（双侧）上显著正相关，但这 3 个指标与剩余指标之间没有表现出相关性。

表 4.2-2　海岛发展指数生态环境分指数与各指标值相关性分析

评价指标	植被覆盖率	自然岸线保有率	岛陆建设用地面积比例	海水水质达标率	污水处理率	垃圾处理率
生态环境分指数	0.554 **	0.606 **	0.413 **	0.474 **	0.487 **	0.362 **
植被覆盖率		0.481 **	0.477 **	0.012	0.126	0.115
自然岸线保有率			0.564 **	0.250 *	0.052	−0.18
岛陆建设用地面积比例				−0.026	−0.001	0.006
海水水质达标率					−0.048	−0.072
污水处理率						0.511 **

** 表示在 0.01 水平（双侧）上显著相关。* 表示在 0.05 水平（双侧）上显著相关。后同类表注相同。

不同海区海岛经济发展分指数和生态环境分指数协调性方面（图 4.2-4），黄渤海区生态环境分指数值较高，生态环境保持良好，经济发展分指数值主要集中在 20～60 分，经济发展和生态环境协调性较好，需要在保护生态环境的前提下加强经济建设。东海区海岛生态环境分指数值较高，但经济发展分指数值跨度大，不均衡，生态环境得到有效保护，但部分海岛经济发展水平不高，与一些地区海岛迁出政策有关。南海区的海岛生态环境分指数整体不高，经济发展分指数值跨度大，不均衡，需要提高生态环境与经济发展协调性，既要加强经济建设，又需要在发展经济的同时重视生态环境保护。

三、社会民生分指数

图 4.2-5 是评估的 100 个有居民海岛社会民生分指数分布直方图。从图中可知，评估海岛社会民生整体较好，社会民生分指数值主要集中在 70～100 分，超过 70 分的海岛占比高于 70%，大于 90 分的海岛占 30% 左右。社会民生分指数得分排名靠前的为渔业型海岛大钦岛、工业型海岛登步岛、农业型海岛大茅岛，三者均为 100 分。反映出我国海岛上的基础设施日益完善，公共服务能力逐步加强，我国社会民生建设和保障良好。

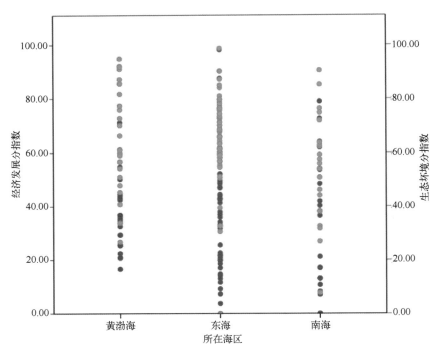

图 4.2-4　不同海区海岛经济发展分指数和生态环境分指数分布

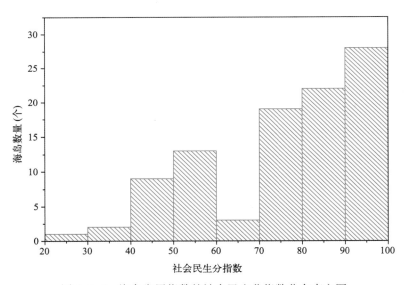

图 4.2-5　海岛发展指数的社会民生分指数分布直方图

　　表 4.2-3 是海岛社会民生分指数与各指标之间相关性分析结果。从表中可知，社会民生分指数与基础设施完备状况、防灾减灾设施、对外交通条件、每千名常住人口公共卫生人员数、社会保障情况指标在 0.01 水平（双侧）上显著正相关。其中，海岛防

灾减灾设施、对外交通条件对社会民生发展水平的影响较大，其次为每千名常住人口公共卫生人员数、社会保障情况指标。海岛基础设施完备状况对社会民生指标值影响较小，70%的海岛基础设施完备状况为满分。

表 4.2-3　海岛发展指数社会民生分指数与各指标值相关性分析

评价指标	基础设施完备状况	防灾减灾设施	对外交通条件	每千名常住人口公共卫生人员数	社会保障情况
社会民生分指数	0.390 **	0.807 **	0.678 **	0.509 **	0.512 **
基础设施完备状况		0.212 *	0.229 *	0.111	−0.091
防灾减灾设施			0.384 **	0.241 *	0.323 **
对外交通条件				0.192	0.052
每千名常住人口公共卫生人员数					0.174

四、文化建设分指数

由图 4.2-6 可知，文化建设分指数得分整体较高，大多数分布在 60~100 分，平均值高达 83.8，有 45 个评估海岛文化建设分指数得分为 100。100 个评估的有居民海岛中，所有海岛教育设施完备，反映出我国海岛教育设施整体能满足海岛需求；人均拥有公共文化体育设施面积是影响文化建设水平的主要因素(图 4.2-7)。

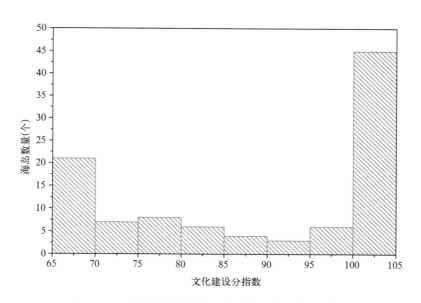

图 4.2-6　海岛发展指数的文化建设分指数分布直方图

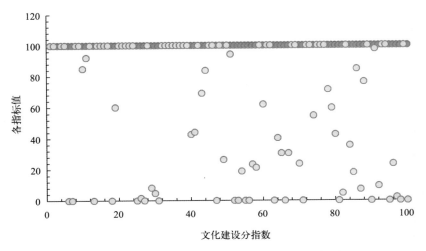

图 4.2-7　海岛发展指数的文化建设分指数各指标分布

五、社区治理分指数

图 4.2-8 是评估的 100 个有居民海岛社区治理分指数分布直方图。由图可知，海岛社区治理整体发展不均衡，不同海岛社区治理分指数差异较大。社区治理分指数得分排名靠前的为大王家岛、石城岛、南隍城岛、大钦岛、大嵛岛、龙门岛，均为 100分，龙山岛、虾山岛、羊山岛等的社区治理分指数低于 10 分。社区治理分指数超过 60分的海岛占比超过 50%，高于 75 分的海岛占 40% 左右，大于 90 分的海岛占 20% 左右。近一半的海岛社区治理能力建设方面较弱，部分海岛实行整岛迁出，岛上居民稀少也影响社区治理建设。

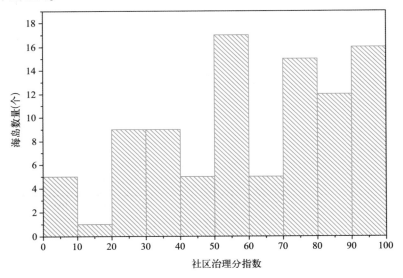

图 4.2-8　海岛发展指数的社区治理分指数分布直方图

社区治理分指数的各指标表现差异较大（图4.2-9）。大部分海岛规划管理指标得分较低，仅少部分海岛制定并实施了相关规划，规划管理指标成为分指数的限制因子。村规民约指标则表现良好，大部分海岛村规民约建设指标得100分，成为该分指数的促进因子。警务机构和社会治安满意度指标则表现出随机性，海岛的警务与治安情况各异。因此，社区治理分指数与各指标均密切相关，海岛地区仍需加强社区治理建设。

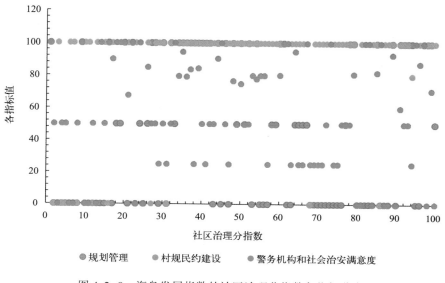

图4.2-9　海岛发展指数的社区治理分指数各指标分布

六、综合成效

根据海岛发展指数指标体系的设计原则，结合海岛的特殊地理位置、特色资源、特有保护等实际情况，选取海岛品牌建设情况、海岛资源循环利用、海岛自然和历史人文遗迹保护和珍稀濒危生物及古树名木保护四项作为特色指标，反映海岛综合成效情况。从综合成效指标值来看（图4.2-10），达到10分以上的海岛有28个，占评估海岛总数的28%；完全没有特色指标的海岛有33个，占33%；其余海岛占比39%。2017年评估海岛综合成效平均值为5.14分，低于2016年评估海岛平均值9.84分，海岛在品牌建设、资源循环利用、自然和历史人文遗迹保护、珍稀濒危生物及古树名木保护等方面尚有较大发展空间。

利用海岛的特殊地理位置、特色资源等特殊优势，创建海岛特色品牌，是提高海岛知名度、提升全民海岛意识的重要措施之一。由图4.2-11可知，在海岛品牌建设方面，东海区海岛位居首位，黄渤海区海岛次之，南海区海岛在品牌建设上较滞后。福建厦门鼓浪屿获得了"世界文化遗产地""国家AAAAA旅游景区""全国文明风景旅游区""国家级风景名胜区""第二届全国文明城市突出贡献单位""国家级风景名胜区综合

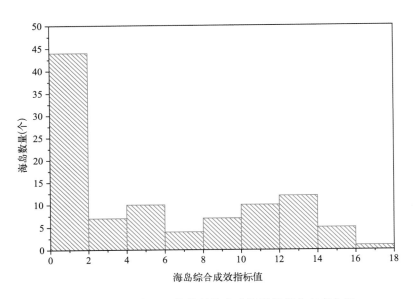

图 4.2-10　海岛发展指数的综合成效指标值分布直方图

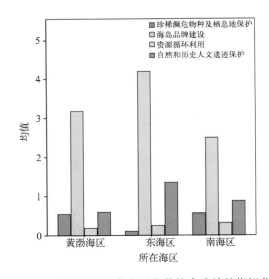

图 4.2-11　不同海区海岛发展指数综合成效的指标分布

整治优秀单位""全国重点文物保护单位""最具特色的中国十大风景名胜区""中国最美城区"等 10 余项荣誉称号，极大地提升了海岛知名度，促进了海岛经济社会发展。2017 年，鼓浪屿海岛发展指数排名第一。

　　大力发展潮汐能、太阳能等新能源，有助于解决海岛尤其是边远海岛的生活或生产供电难题，同时改善海岛生态环境质量。发展中水回用、固体废弃物循环利用等循环经济，有助于促进海岛产业转型升级和提质增效，推动海岛经济可持续发展。在资源循环利用方面，南海区海岛居首位，黄渤海区海岛在资源循环利用方面仍需加强（图4.2-11）。总体上，本次评估的海岛中在资源循环利用方面取得一定成效的仅占12%。海岛作为脆弱的生态系统，迫切需要在资源循环利用方面加强能力建设，实现海岛的可持续发展。

在自然和历史人文遗迹保护方面，东海区海岛居首，其在海岛特色资源保护方面整体较好；黄渤海区海岛和南海区海岛次之，尚有较大发展空间（图4.2-11）。在海岛的地质历史和人类发展过程中，部分海岛塑造并保存了奇特的海岛地貌和特殊价值的人文遗迹，这些海岛自然和人文遗迹具有很高的科学研究和旅游观赏价值，是海岛发展的重要资源。

在珍稀濒危物种及栖息地保护方面，不同海区海岛的总体水平均较低，其中东海区海岛发展最弱（图4.2-11）。我国海岛由于远离大陆，本底数据不全，珍稀濒危物种及栖息地的信息较匮乏，一定程度上导致海岛珍稀濒危物种及栖息地保护方面工作较薄弱。在快速发展海洋经济、海岛经济的今天，更需加强典型生态系统、珍稀濒危物种及栖息地的保护。

七、面积和离岸距离对海岛发展指数及分指数的影响

1. 不同面积大小海岛发展指数对比

按海岛面积大小分类，评估的100个有居民海岛可分为大岛、中岛和小岛。其中，大岛占比37%，发展指数平均值为77.7；中岛占比50%，平均值为68.9；小岛占比13%，平均值为53.5（表4.2-4）。表现为海岛面积越大，发展指数越高，面积对海岛发展指数具有显著影响。

表4.2-4　不同面积的海岛发展指数对比分析

评价指标	大岛	中岛	小岛	全部海岛
海岛数量(个)	37	50	13	100
发展指数	77.74±10.58c	68.9±15.67b	53.49±11.39a	70.16±15.39b
经济发展分指数	45.54±18.38b	33.67±20.83a	28.25±25.55a	37.36±21.43ab
生态环境分指数	62.81±15.25ab	68.19±16.25b	58.67±22.92a	64.96±17.06ab
社会民生分指数	81.76±15.97b	75.64±17.57b	64.47±20.45a	76.45±18.05b
文化建设分指数	90.44±12.02b	87.66±13.37b	80.38±14.14a	87.74±13.23b
社区治理分指数	78.43±18.43c	59.43±27.63b	37.39±25.83a	63.59±27.63b
综合成效	7.24±5.14a	4.8±5.35a	0.46±1.13b	5.14±5.34a

从海岛发展指数分指数来看,大岛经济发展分指数显著高于中岛和小岛,中岛略高于小岛;生态环境方面,整体差异不显著,但中岛与大岛分值较高,小岛分值低;社会民生、文化建设和综合成效方面,大岛和中岛差异不显著,小岛得分显著低于这两类海岛;社区治理方面,三类海岛差异显著,以大岛社区治理最优。

2. 不同离岸距离海岛发展指数对比

按海岛离大陆海岸远近分类,评估的 100 个有居民海岛分为陆连海岛、沿岸海岛和近岸海岛。其中,陆连海岛占比 15%,发展指数平均值为 62.4;沿岸海岛占比 46%,平均值为 67.2;近岸海岛占比 39%,平均值为 76.7(表 4.2-5)。表现为海岛距离大陆越远,发展指数越高,离岸距离对海岛发展指数具有显著影响。

从海岛发展指数分指数来看,近岸海岛经济发展分指数显著高于陆连海岛和沿岸海岛,沿岸海岛略高于陆连海岛;生态环境和社会民生方面,近岸海岛与沿岸海岛差异显著,近岸海岛最优,陆连海岛次之,沿岸海岛最低;文化建设方面,各类海岛间不存在显著差异,分值均较高;社区治理方面,陆连海岛显著低于沿岸海岛和近岸海岛,沿岸海岛和近岸海岛差异不显著;综合成效方面,离岸越远,海岛综合成效分值越高。

表 4.2-5 不同离岸距离海岛发展指数对比分析

评价指标	陆连海岛	沿岸海岛	近岸海岛	全部海岛
数量	15	46	39	100
发展指数	62.37±11.89a	67.17±14.69ab	76.71±15.18c	70.16±15.39c
经济发展分指数	28.47±18.91a	37.27±24.38ab	40.88±17.81b	37.36±21.43ab
生态环境分指数	66.8±15.66ab	59.84±19.18a	70.29±13.04ab	64.96±17.06ab
社会民生分指数	75.18±15.97ab	71.4±17.24a	82.9±18.13b	76.45±18.05ab
文化建设分指数	84.73±14.03a	86.3±13.5a	90.61±12.38a	87.74±13.23a
社区治理分指数	46.48±28.93a	64±26.97b	69.69±25.79b	63.59±27.63b
综合成效	2.47±3.16a	4.76±5.48ab	6.62±5.46b	5.14±5.34ab

第三节 海岛发展指数指标分析

一、海岛发展指数限制性指标分析

在 SPSS 里用 Duncan 法进行三级指标多组样本间差异显著性分析,从表 4.3-1 可知,发展较好海岛与发展中等海岛在经济发展、生态环境、文化建设分指数的全部指标中没有显著性差异。在社会民生分指数中,防灾减灾设施、对外交通条件、每千名常住人口公共卫生人员数三个方面是导致发展中等海岛显著弱于发展较好海岛的限制因素，值得注意的是，发展中等海岛社会保障情况高于发展较好海岛。社区治理分指数中的规划管理方面，发展较好海岛显著高于发展中等海岛；村规民约建设方面，发展较好海岛和发展中等海岛无显著差异。综合成效方面，珍稀濒危物种及栖息地、海岛品牌建设、资源循环利用、自然和历史人文遗迹保护四个方面都是发展中等海岛显著弱于发展较好海岛。

发展较差海岛经济发展分指数的两个指标均显著低于发展较好海岛和发展中等海岛。在生态环境分指数方面，植被覆盖率、自然岸线保有率、岛陆建设用地面积比例、海水水质达标率四个指标，发展较好、发展中等、发展较差海岛之间没有显著差异。限制发展较差海岛生态环境分指数的指标是污水处理率和垃圾处理率。在社会民生分指数方面，海岛基础设施完备状况在不同发展水平海岛中无显著差异。在海岛防灾减灾设施和对外交通条件方面，发展较差海岛显著低于发展中等海岛，极显著低于发展较好海岛。发展较好海岛每千名常住人口公共卫生人员数显著高于发展中等和发展较差海岛，发展较差海岛社会参保率也较低。文化建设分指数方面，教育设施情况在不同发展水平的海岛上均为 100 分，即基本上我国海岛教育设施情况均能满足海岛居民需求。人均拥有公共文化体育设施面积方面，发展较差海岛显著低于发展中等海岛和发展较好海岛。社区治理分指数方面，发展较差海岛在规划管理建设方面显著低于发展中等海岛，极显著低于发展较好海岛；村规民约建设方面，显著低于发展较好海岛；警务机构和社会治安满意度方面，显著低于发展中等海岛和发展较好海岛。综合成效方面，发展较差海岛在珍稀濒危物种及栖息地保护、资源循环利用、自然和历史人文遗迹保护方面均显著低于发展较好海岛，同发展中等海岛没有显著差异；在海岛品牌建设方面，发展较差海岛显著低于发展中等海岛，极显著低于发展较好海岛。

表 4.3-1　不同发展水平海岛发展指数各指标分析

分指数	指标	发展较好海岛	发展中等海岛	发展较差海岛
经济发展	单位面积财政收入	46.73±20.51a	42.54±23.2a	16.35±22.88b
	居民人居可支配收入	44.96±17.62a	44.6±16.85a	23.53±21.95b
生态环境	植被覆盖率	59.14±21.22a	46.9±24.48a	44.56±22.35a
	自然岸线保有率	66.82±23.8a	53.3±28.31a	55.46±33.88a
	岛陆建设用地面积比例	89.75±14.66a	88.1±16.38a	88.65±21.15a
	海水水质达标率	69±46.56a	60±50.26a	58±47.53a
	污水处理率	71.35±38.46a	66.32±36.63a	22.5±40.34b
	垃圾处理率	91.6±24.73a	89.25±22.96a	50±47.24b

续表

分指数	指标	发展较好海岛	发展中等海岛	发展较差海岛
社会民生	基础设施完备状况	95±20.13a	95.35±11.55a	86.5±18.14a
	防灾减灾设施	90.25±14.55a	66.25±42.21b	32.5±37.96c
	对外交通条件	100±0a	82.8±22.11b	52±41.08c
	每千名常住人口公共卫生人员数	71.42±26.37a	47.06±33.63b	34.58±44.61b
	社会保障情况	88.85±19.89ab	94.07±9.59a	74.45±35.26b
文化建设	教育设施情况	100±0a	100±0a	100±0a
	人均拥有公共文化体育设施面积	80.78±35.61a	73.54±41.31a	33.6±42.95b
社区治理	规划管理	90±20.52a	52.5±47.23b	12.5±27.51c
	村规民约建设	99±4.47a	85±36.64ab	75±44.43b
	警务机构和社会治安满意度	77.92±23.63a	62.5±32.71b	17.5±24.47b
综合成效	珍稀濒危物种及栖息地保护	1.1±1.37a	0.19±0.75b	0.2±0.78b
	海岛品牌建设	9±2.05a	2.25±3.02b	0±0c
	资源循环利用	0.53±0.87a	0±0b	0±0b
	自然和历史人文遗迹保护	1.95±1.47a	0.83±1.25b	0.22±0.43b

海岛发展指数各指标差异显著性见图4.3-1。其中，文本框颜色越深，表示差异越显著。浅蓝色文本框表示发展较好海岛和发展中等海岛没有显著性差异，但与发展较差的海岛具有显著差异。颜色介于深蓝和浅蓝的，表示发展中等海岛和发展较差海岛没有显著差异，但两者与发展较好海岛有显著差异。深蓝色文本框表示发展较好海岛和发展中等海岛存在显著差异，与发展较差海岛存在极显著差异。换言之，深蓝色框中的指标是发展中等海岛的限制因子，是发展较差海岛的制约因子。浅蓝色框中的指标是发展较差海岛的限制因子。介于深蓝和浅蓝色框中的指标是发展中等海岛和发展较差海岛的限制因子。

二、乡镇级有居民海岛和村级有居民海岛发展指数指标差异

在经济发展分指数的两个指标即单位面积财政收入和居民人均可支配收入方面，村级有居民海岛显著低于乡镇级有居民海岛和全部评估有居民海岛的平均水平（表4.3-2）。

生态环境方面，乡镇级有居民海岛污水处理率和垃圾处理率显著高于村级有居民海岛。

58

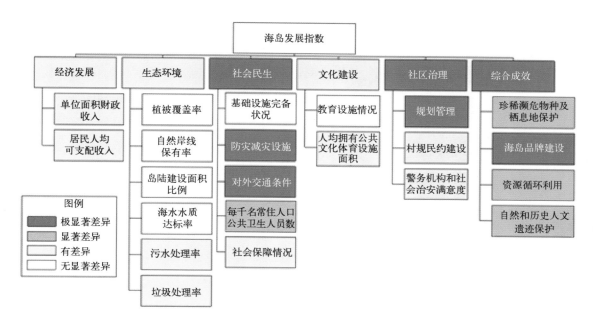

图 4.3-1　评估海岛发展指数各指标差异性

社会民生方面，乡镇级有居民海岛基础设施完备状况和防灾减灾设施显著高于村级有居民海岛；对外交通条件和每千名常住人口公共卫生人员数方面，村级有居民海岛显著低于乡镇级有居民海岛和评估有居民海岛平均水平。

文化建设方面，乡镇级有居民海岛人均拥有公共文化体育设施面积显著高于村级有居民海岛。

社区治理方面，村级有居民海岛规划管理方面显著低于乡镇级有居民海岛和评估有居民海岛的平均水平；警务机构和社会治安满意度方面，村级有居民海岛显著低于评估有居民海岛的平均水平，极显著低于乡镇级有居民海岛。

综合成效方面，村级有居民海岛在海岛品牌建设方面显著低于评估有居民海岛的平均水平，极显著低于乡镇级有居民海岛；村级有居民海岛资源循环利用与自然和历史人文遗迹保护方面，显著低于乡镇级有居民海岛水平。

表 4.3-2　不同类型海岛发展指数三级指标评估结果

二级指标	三级指标	乡镇级 有居民海岛	村级 有居民海岛	有居民海岛的 评估平均值
经济发展	居民人均可支配收入	46.15±17.22b	32±24.06a	40.49±21.29b
	单位面积财政收入	29.95±27.11b	12.66±22.37a	33.48±26.19b

二级指标	三级指标	乡镇级 有居民海岛	村级 有居民海岛	有居民海岛的 评估平均值
生态环境	植被覆盖率	52±21.9a	45.31±22.33a	49.32±22.21a
	自然岸线保有率	55.6±29.41a	57.11±31.65a	56.19±30.09a
	岛陆建设用地面积比例	91.08±14.16a	88.4±17.93a	89.87±15.72a
	海水水质达标率	58.17±49.32a	68.5±44.98a	62.3±47.67a
	污水处理率	62.94±39.44b	37.38±45.69a	52.34±43.73ab
	垃圾处理率	89.17±23.99b	67.23±43.91a	79.72±35.54ab
社会民生	防灾减灾设施	72.42±38.71b	50.63±39.91a	64.3±39.93ab
	基础设施完备状况	96.07±14.09b	88.5±16.88a	93.04±15.63ab
	对外交通条件	86.85±18.07b	64.13±37.82a	77.76±29.72b
	每千名常住人口公共卫生人员数	58.11±32.69b	32.42±38.08a	48.33±36.58a
	社会保障情况	83.55±28.25a	81.18±30.97a	84.01±26.19a
文化建设	教育设施情况	100±0	100±0	100±0
	人均拥有公共文化体育设施面积	68.55±41.16b	47.72±44.07a	60.17±43ab
社区治理	规划管理	64.17±43.27b	15±32.42a	54.5±46.11b
	村规民约建设	89.67±30.25a	82.5±38.48a	86.8±33.78a
	警务机构和社会治安满意度	67.77±28.07c	36.44±36.36a	54.94±34.96b
综合成效	珍稀濒危物种及栖息地保护	0.48±1.07a	0.18±0.68a	0.36±0.94a
	海岛品牌建设	5.08±4.27c	1.25±2.94a	3.55±4.22b
	资源循环利用	0.38±0.82b	0±0a	0.23±0.67ab
	自然和历史人文遗迹保护	1.41±1.46b	0.66±1.06a	1.12±1.36ab

　　乡镇级有居民海岛和村级有居民海岛发展指数各指标差异显著性见图4.3-2。其中，文本框颜色越深，表示差异越显著。浅蓝色文本框表示存在显著性差异，深蓝色框表示存在极显著差异，无颜色的文本框表示不存在显著差异。22个三级指标中，8个指标在乡镇级有居民海岛和村级有居民海岛间无显著差异，占比达36.36%；极显著差异的有2个，占9.09%；其余54.55%为有差异和有显著差异。

海岛生态指数和发展指数报告（2018）

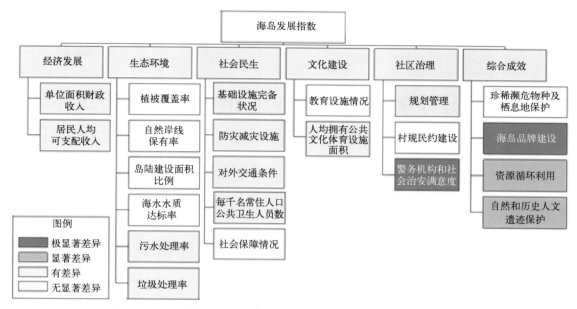

图 4.3-2　乡镇级有居民海岛和村级有居民海岛发展指数各指标差异

第五章

辽宁省典型海岛生态指数和发展指数评估专题报告

第一节 大王家岛生态指数与发展指数评价

一、海岛概况

大王家岛隶属于辽宁省大连市庄河市，是大连海王九岛中最大的海岛，属于近岸海岛，乡镇级有居民海岛，是王家镇政府所在地。王家镇下辖4个行政村，20个自然村，2017年年末有常住人口8 000余人。

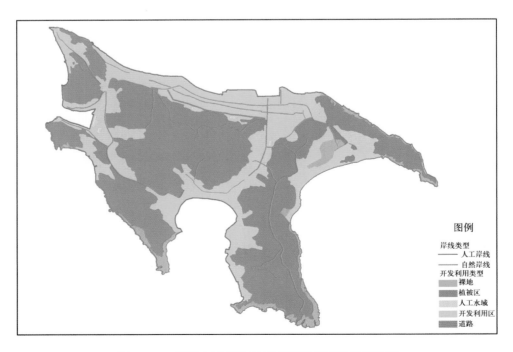

图5.1-1 辽宁大王家岛2017年岸线和开发利用类型

大王家岛面积5.0 km²，岸线长18.2 km，以基岩海岸为主，植被覆盖率为58.8%。大王家岛位于海洋景观自然保护区，拥有国际灯塔、解放东北先遣支队登陆第一站、祁祥园等历史人文遗迹。

大王家岛按照"显山露水、依海就势、错落有致、岛在林中"的发展思路，积极推进环境、空间、产业和文明相互支撑、整体联动，重点发展水产养殖、休闲渔业等特色产业。制定并实施了《2013—2030王家镇总体规划》《2013—2030王家镇土地利用总体规划》《王家镇海岛旅游发展规划》，海岛发展目标和导向明确。

大王家岛2017年居民人均可支配收入26 000元。目前，大王家岛生活垃圾及污水尚未达到100%处理。全岛通过海底电缆由大陆供电，通信100%覆盖；淡水资源主要为地下水。岛上建有码头3座，通过交通班船往返大陆，每天公共班船8班次。现有小学、初中各1所。有医院1所，卫生所1所，医疗保险全覆盖，养老保险覆盖率为90%，社会保障体系较为完善。先后获"国家级特色小镇""中国最美休闲乡村""国家级平安社区"等称号。

二、大王家岛生态指数评价

大王家岛2017年生态指数为65.2，海岛生态系统较为稳定，生态状况良。

大王家岛岛陆植被覆盖率情况良好，岛上人为活动较多，自然岸线保有率一般，周边海域为国家第二类海水水质，水质情况较好，海岛生态环境保持良好。岛陆建设强度较大，环境保护设施建设未能满足需要，污水和垃圾处理率低，对海岛生态环境具有较大的影响。在海岛生态管理方面，积极开展和推进海岛生态保护，制定并实施了相关规划；对岛上的自然景观、历史遗迹采取了较为有效的保护措施。2017年海岛未发生违法用海、用岛行为，未发生重大生态损害事故。

三、大王家岛发展指数评价

大王家岛2017年发展指数为88.6，在评估的100个有居民海岛中排名第14。

在经济发展方面，大王家岛财政收入水平和人均可支配收入水平略低于沿海省（自治区、直辖市）平均水平。在海岛生态环境方面，大王家岛植被覆盖率和周边海域水质得分较高，海岛生态环境总体良好。在社会民生方面，大王家岛供电、供水等基础设施完备，配备了相应防灾减灾设施，陆岛班船满足出行需要；社会保障参保率高，但医疗卫生人员数不足。在文化建设方面，大王家岛拥有小学、中学各1所，满足海岛教育需要；文化体育场地（馆）设施人均拥有量高于全国平均水平。在社区治理方面，规划管理、村规民约建设及社会治安满意度均表现良好。综合分析，大王家岛在社会民生、文化建设和社区治理方面表现良好，经济发展和生态环境方面有待提升。

图 5.1-2　大王家岛前庙湾修复工程建成前(上)和建成后(下)

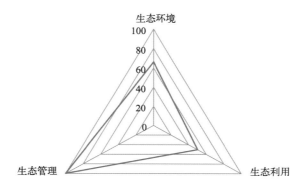

图 5.1-3　大王家岛 2017 年生态指数评价

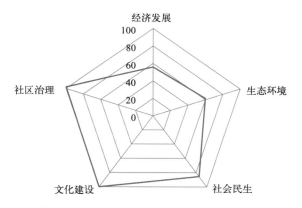

图 5.1-4　大王家岛 2017 年发展指数评价

四、大王家岛综合评价小结

大王家岛在社会民生、文化建设、社区治理方面具有较大优势，但经济发展、生态环境方面尚待提升。居民人均可支配收入有待提升，海岛污水处理设施尚不能满足需要，医疗配置不足等问题影响海岛综合发展水平。

第二节　石城岛生态指数与发展指数评价

一、海岛概况

石城岛隶属于辽宁省大连市庄河市，属于沿岸海岛，乡镇级有居民海岛，是石城乡政府所在地。石城乡下辖 5 个行政村，45 个自然村，2017 年年末有户籍人口 9 000 余人。因岛上有古石城遗址而得名石城岛。石城岛面积 27.1 km²，岸线长 34.7 km，以基岩海岸为主，砂质海岸和淤泥质海岸均有分布，植被覆盖率为 34.4%。

石城岛充分发挥产业和规模优势，制定并实施了《庄河市石城乡总体规划（2017—2030）》。石城岛以农业、捕捞业和养殖业为主，其中养殖业为支柱产业，同时积极发展旅游业，2017 年居民人均可支配收入 17 502 元。目前，石城岛生活垃圾尚未达到 100% 处理。全岛通过海底电缆由大陆供电，通信 100% 覆盖；淡水资源主要为地下水。通过交通班船往返大陆及通航周边海岛，每天公共班船 6 班次。现有小学、初中各 1 所。有医院 1 所，卫生所 5 所，医疗保险覆盖率 100%、养老保险覆盖率 90%，社会保障体系较为完善；建成了功能齐全的文化广场，群众性文化活动丰富。先后荣获"国家级 AAA 旅游景区""省级特色小镇""省级风景名胜区""全国第五处海上钓鱼乐园"、辽宁特产"牡蛎之乡"等称号。

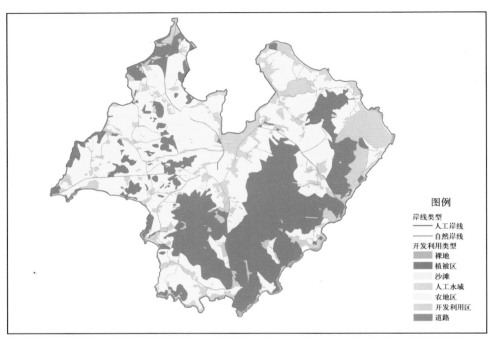

图 5.2-1 辽宁石城岛 2017 年岸线和开发利用类型

二、石城岛生态指数评价

石城岛 2017 年生态指数为 60.2，海岛生态状况中。

石城岛周边海域为国家第二类海水水质，水质情况较好。由于石城岛为农业型海岛，农田占比高，自然植被覆盖率低影响了海岛生态环境分指数。岛陆建设强度适中，环境保护设施建设未能满足需要，污水和垃圾处理率不高，对海岛生态环境具有较大的影响。在海岛生态管理方面，积极开展和推进海岛生态保护，制定并实施了乡级规划。2017 年海岛未发生违法用海、用岛行为，未发生重大生态损害事故。

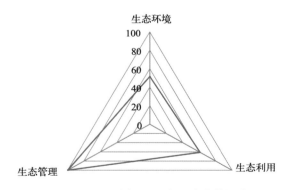

图 5.2-2 石城岛 2017 年生态指数评价

三、石城岛发展指数评价

石城岛 2017 年发展指数为 79.2，在评估的 100 个有居民海岛中排名第 31。

在经济发展方面，石城岛财政收入水平和人均可支配收入水平低于沿海省（自治区、直辖市）平均水平。在海岛生态环境方面，植被覆盖率、自然岸线保有率较低，周边海域水质情况较好，海岛生态环境保持良好。在社会民生方面，供电、供水等基础设施较为完备，配备了相应的防灾减灾设施，但陆岛公共交通运力不足，尚不能完全满足陆岛出行需要；社会保障参保率高，但医疗卫生人员数不足。在文化建设方面，石城岛拥有小学、中学各 1 所，满足了海岛教育需要；文化体育场地(馆)设施人均拥有量高于全国平均水平。在社区治理方面，规划管理、村规民约建设及社会治安满意度均表现良好。综合分析，石城岛在经济发展、生态环境、社会民生方面尚待提升，其他方面发展良好。

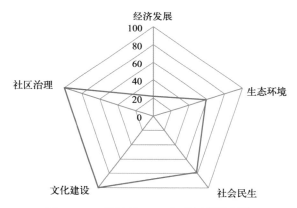

图 5.2-3　石城岛 2017 年发展指数评价

四、石城岛综合评价小结

石城岛在文化建设和社区治理方面具有较大优势，但经济发展、生态环境和社会民生方面尚待提升。财政收入水平较低、海岛污水处理及防灾减灾设施尚不能满足需要，陆岛交通运力不足等制约海岛综合发展水平。

第三节　大长山岛生态指数与发展指数评价

一、海岛概况

大长山岛隶属于辽宁省大连市长海县，位于辽东半岛东侧黄海北部海域长山群岛，东与朝鲜半岛相望，西南与山东庙岛群岛相对，属于近岸海岛，是长海县人民政府所在地。大长山岛乡下辖 5 个行政村，4 个社区，2017 年年末有常住人口约 1.8 万人。因岛长而大且多山而得名大长山岛。

大长山岛面积为 26.4 km²，岸线长 61.9 km，以基岩海岸为主，砂质海岸和淤泥质海岸均有分布，植被覆盖率为 51.1 %。拥有日军侵华西大碑遗址等历史人文遗迹。

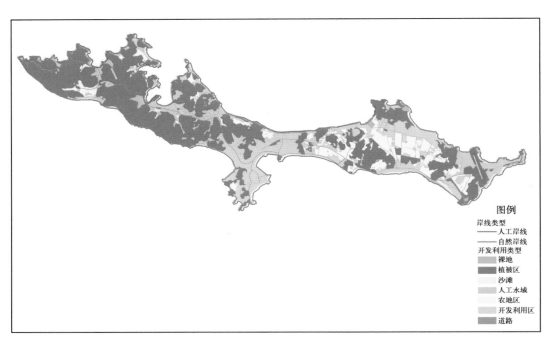

图例

岸线类型
—— 人工岸线
—— 自然岸线
开发利用类型
裸地
植被区
沙滩
人工水域
农地区
开发利用区
道路

图 5.3-1　辽宁大长山岛 2017 年岸线和开发利用类型

大长山岛颁布实施《长海县城(大长山岛镇)总体规划(2013—2030)》，功能定位为长山群岛旅游避暑度假区，打造国际旅游胜地、现代海洋牧场和生态宜居海岛。大长山岛 2017 年居民人均可支配收入 28 000 元。生活垃圾和污水尚未达到 100% 处理。全岛通过海底电缆由大陆供电，通信 100% 覆盖；淡水资源主要由地表水、地下水和方塘水供应。通过交通班船往返大陆及通航哈仙岛、獐子岛、塞里岛、广鹿岛和海洋岛等周边海岛，每天公共班船 34 班次。现有小学 3 所、中学 2 所。有医院 1 所，卫生所 3 所，医疗保险和养老保险覆盖率均超过 80%，社会保障体系较为完善；建成了功能齐全的图书馆、文化广场和公园活动中心，群众性文化活动极其丰富。先后荣获"国家 AAA 级景区""全国文明县城""省级中心镇"等称号。

大长山岛紧密围绕国际旅游避暑胜地和现代海洋牧场的核心发展目标，不断优化产业格局，推动海岛经济发展和生态保护。一是国际旅游避暑胜地建设步伐加快，机场扩建、陆海交通设施改造工程不断完善，旅游线路不断扩充，旅游服务提质转型；二是生态保护和基础设施建设得到改善。以宜居长海建设为目标，先后开展"长山群岛生态修复示范工程"等整治修复项目，沙滩、防波堤等修复工程切实提升海岛生态环境质量和人居生活水平。

图 5.3-2　大长山岛民生广场

二、大长山岛生态指数评价

大长山岛 2017 年生态指数为 82.4，海岛生态系统稳定，总体生态状况优。该岛自然岸线保有率、周边海域水质情况良好，岛上开发活动较多，岛陆植被覆盖率一般，海岛生态环境基本良好。污水垃圾处理尚不能全覆盖，环境保护设施建设仍需跟进，对海岛生态环境有一定影响。在海岛生态管理方面，对岛上的非物质文化遗产、历史遗迹采取了较为有效的保护措施，颁布实施海岛相关规划。2017 年海岛未发生违法用海、用岛行为，未发生重大生态损害事故。

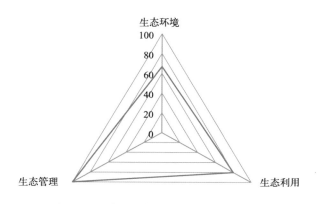

图 5.3-3　大长山岛 2017 年生态指数评价

三、大长山岛发展指数评价

大长山岛 2017 年发展指数为 76.4，在评估的 100 个有居民海岛中排名第 41。

在经济发展方面，大长山岛财政收入水平和人均可支配收入水平低于沿海省（自治区、直辖市）平均水平。在海岛生态环境方面，自然岸线保有率、周边海域水质情况良好，岛陆植被覆盖率一般，海岛生态环境总体良好。在社会民生方面，供电、供水、交通等基础设施完备，但配套防灾减灾设施不足；社会保障参保率有待提升，医疗卫生人员数满足需求。在文化建设方面，大长山岛拥有小学、中学共 5 所，满足海岛教育需要；文化体育场地（馆）设施人均拥有量高于全国平均水平。在社区治理方面，尚未制定村规民约，社会治安满意度有待提升。综合分析，大长山岛文化建设、生态环境方面发展良好，但需要加强经济建设，提升社区治理和防灾减灾能力。

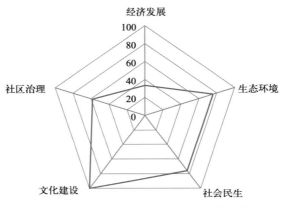

图 5.3-4　大长山岛 2017 年发展指数评价

四、大长山岛综合评价小结

大长山岛在文化建设方面表现良好，但在经济发展、生态环境和社区治理方面尚待提升。财政收入水平较低、海岛污水处理及防灾减灾设施尚不能满足需要，尚未制定村规民约及社会治安满意度不高等制约海岛综合发展水平。

第四节　海洋岛生态指数与发展指数评价

一、海岛概况

海洋岛隶属于辽宁省大连市长海县，位于北黄海的长山群岛，乡镇级有居民海岛，属于近岸海岛。海洋乡下辖 2 个行政村，2017 年年末有常住人口近 7 000 人。因海岛远距大陆，孤悬于汪洋大海而得名。

海洋岛面积为 18.9 km²，岸线长 4.6 km，以基岩海岸为主，砂质海岸和淤泥质海岸均有分布，植被覆盖率为 82.5%。海洋岛拥有长山群岛最好的港湾太平湾和最高的山峰哭娘顶，战略位置十分重要，有"黄海前哨"之称。海洋岛周围海域渔业资源丰富，是"黄渤海渔场"的重要组成。

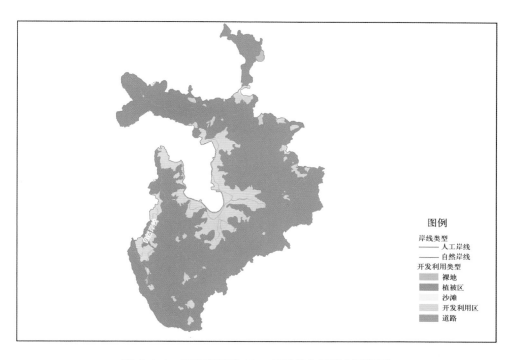

图 5.4-1　辽宁海洋岛 2017 年岸线和开发利用类型

海洋岛颁布实施《海洋乡土地利用总体规划（2006—2020 年》。海洋岛以捕捞业和养殖业为主，积极发展旅游业，2017 年居民人均可支配收入 28 000 元。生活垃圾和污水尚未达到 100% 处理。全岛通过海底电缆由大陆供电，通信 100% 覆盖；淡水资源主要通过地表水、地下水、方塘水等获取。通过交通班船往返大陆及通航大长山岛、獐子岛等，每天公共班船 2 班次。现有小学、初中各 1 所。有医院 1 所，医疗保险覆盖率 90%、养老保险覆盖率 60%，社会保障体系较为完善；建成了功能齐全的图书馆、海洋公园等，群众性文化活动丰富。大连海洋岛水产集团股份有限公司是岛上品牌企业，海洋岛先后荣获"国家 AAA 级景区""省级中心镇"等称号。作为长海县唯一不对外开放的海岛，2011 年，中央海域使用金专项资金支持的"海洋岛整治修复与保护项目"，对受损区域实施整治修复，取得良好的生态效益和社会效益。

图 5.4-2　海洋岛排洪渠整治修复前（上）和修复后（下）对比

二、海洋岛生态指数评价

海洋岛 2017 年生态指数为 86.5，海岛生态系统稳定，总体生态状况优。

因该岛尚不对外开放，岛体沿岸线开发利用活动较少，岛体植被覆盖率、自然岸线保有率均较高，周边海域为国家第一类海水水质，水质情况良好，海岛生态环境保持良好。岛陆利用类型较少，主要为植被覆盖，岛陆建设强度较低，但环境保护设施未能满足需要，污水及垃圾处理率有待提高，对海岛生态环境具有一定的影响。在海岛生态管理方面，颁布实施海岛相关规划。2017 年海岛未发生违法用海、用岛行为，未发生重大生态损害事故。

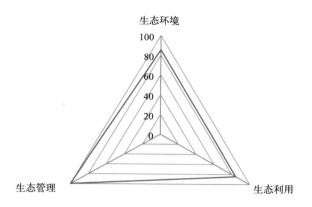

图 5.4-3　海洋岛 2017 年生态指数评价

三、海洋岛发展指数评价

海洋岛 2017 年发展指数为 72.2，在评估的 100 个有居民海岛中排名第 48。

在经济发展方面，海洋岛财政收入水平和人均可支配收入低于沿海省（自治区、直辖市）平均水平。在海岛生态环境方面，植被覆盖率、自然岸线保有率均较高，水质情况良好，海岛生态环境保持良好。在社会民生方面，供电、供水等基础设施较为完备，陆岛交通运力仍需提升，防灾减灾设施不足；社会保障参保率仍需提升，医疗卫生人员数不足。在文化建设方面，海洋岛拥有小学、中学各 1 所，满足海岛教育需要；文化体育场地（馆）设施人均拥有量高于全国平均水平。在社区治理方面，已经制定单岛规划，但未制定村规民约，社会治安满意度有待提升。综合分析，海洋岛生态环境和文化建设方面发展良好，但经济发展、社会民生和社区治理方面尚待提升。

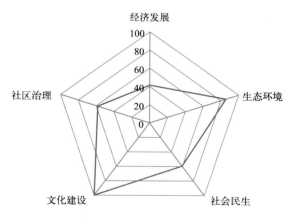

图 5.4-4　海洋岛 2017 年发展指数评价

四、海洋岛综合评价小结

海洋岛在文化建设和生态环境方面具有较大优势，但在经济发展、社会民生和社区治理方面尚待提升。制约海岛发展的因素主要是财政收入水平较低、海岛污水处理及防灾减灾设施尚不能满足需要，陆岛交通运力不足，医疗卫生人员数不足，社保参保率尚未全覆盖，尚未制定村规民约，社会治安满意度需继续提升。

第五节　长兴岛生态指数与发展指数评价

一、海岛概况

长兴岛隶属于辽宁省大连市长兴岛经济区，位于辽东半岛西侧，渤海东岸，为中国第五、长江以北第一大岛。属于沿岸陆连海岛，乡镇级有居民海岛，是大连长兴岛经济区所在地。2017 年年末有常住人口近 6 万人。取长兴不衰之意而得名长兴岛。

长兴岛面积 246.7 km²，是长江以北第一大岛。岸线长 116.6 km，以基岩海岸为主，伴有淤泥质海岸，植被覆盖率为 35.1%。岛上以横山和大孤山为主的两条山脉及周围的众多丘陵构成了长兴岛低山丘陵式的海岛地形。

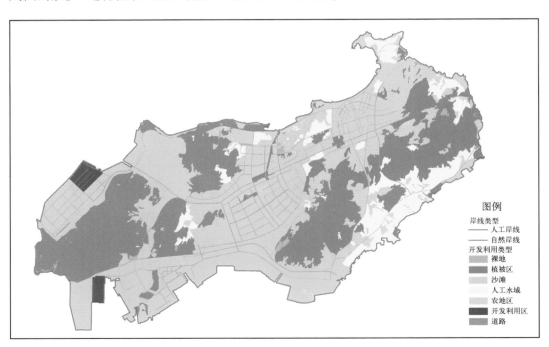

图 5.5-1　辽宁长兴岛 2017 年岸线和开发利用类型

长兴岛是大连市长兴岛经济区的主体，大连长兴岛经济区是国家级开发区，编制实施了《大连长兴岛经济区总体规划（2016—2030）》。长兴岛港是依托长兴岛建设的渤海深水良港，是大连港集团港口布局中渤海翼的重要支点，定位为服务大连长兴岛经济区的公共港口，为岛内企业提供装卸仓储服务，2007年投入运营，现有3个7万吨级泊位、1个5万吨级泊位。2014年9月，国务院批准长兴岛（西中岛）石化产业基地纳入国家石化产业规划布局，赋予"建设世界一流石化产业基地"任务。长兴岛2017年居民人均可支配收入38 220元。实现生活垃圾及污水100%处理。全岛通过海底电缆由大陆供电，通信100%覆盖。现有小学3所、初中1所。有医院1所，卫生所15所，医疗保险和养老保险覆盖率不足40%，社会保障体系仍需完善；建成了功能齐全的公共文化体育设施，群众性文化活动较丰富。

二、长兴岛生态指数评价

长兴岛2017年生态指数为62.3，海岛生态状况中。

长兴岛植被覆盖率较低，由于建设港区和工业区，海岛沿岸开发利用强度较大，自然岸线保有率低，周边海域为国家第二类海水水质，水质情况较好，海岛生态环境保持良好。岛陆建设强度较大，但环境保护设施建设完善，污水及垃圾处理设施齐全。在海岛生态管理方面，制定了海岛相关规划。2017年海岛未发生违法用海、用岛行为，未发生重大生态损害事故。

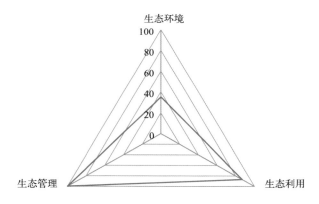

图5.5-2 长兴岛2017年生态指数评价

三、长兴岛发展指数评价

长兴岛2017年发展指数为67.3，在评估的100个有居民海岛中排名第61。

在经济发展方面，长兴岛财政收入水平和人均可支配收入高于沿海省（自治区、直辖市）平均水平。在海岛生态环境方面，长兴岛植被覆盖率、自然岸线保有率较低，但周边海域水质得分较高，环境保护设施齐全，海岛生态环境总体尚可。在社会民生方面，供电、供水、交通等基础设施完备；社会保障参保率较低，医疗文化体育设施需继续加强。在文化建设方面，长兴岛拥有小学 3 所、中学 1 所，满足海岛教育需要；文化体育场地(馆)设施人均拥有量低于全国平均水平。在社区治理方面，制定实施海岛发展规划，社会治安满意度有待提升。综合分析，长兴岛在生态环境、社会民生、文化建设及社区治理方面尚待提升。

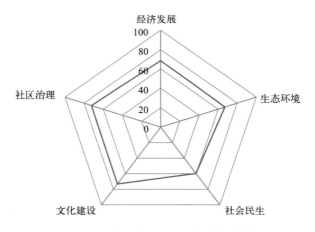

图 5.5-3　长兴岛 2017 年发展指数评价

四、长兴岛综合评价小结

长兴岛在经济发展方面具有较大优势，但在生态环境、社会民生、文化建设及社区治理方面尚待提升。制约海岛发展的因素主要是防灾减灾设施不足，医疗机构和卫生人员数不足，社会保障参保率较低，社会治安满意度需继续提升。

第六节　觉华岛生态指数与发展指数评价

一、海岛概况

觉华岛隶属于辽宁省葫芦岛市兴城市，属于沿岸海岛，乡镇级有居民海岛，是觉华岛乡政府所在地。觉华岛乡下辖 2 个行政村，9 个自然村，2017 年年末有户籍人口3 000 余人。"觉华"本是佛的德号，因岛上佛寺众多而得名觉华岛。

觉华岛面积为 12.1 km²，岸线长 25.3 km，以基岩海岸为主，砂质海岸和淤泥质海岸均有分布，植被覆盖率为 59.0%。拥有大龙宫寺、古营城遗址、明代大悲阁等历史人文遗迹。

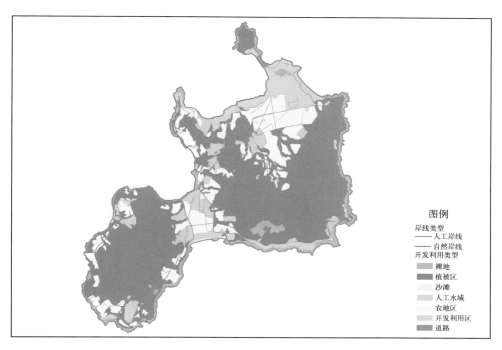

图 5.6-1 辽宁觉华岛 2017 年岸线和开发利用类型

图例
岸线类型
—— 人工岸线
—— 自然岸线
开发利用类型
　裸地
　植被区
　沙滩
　人工水域
　农地区
　开发利用区
　道路

觉华岛充分发挥产业和规模优势，制定并实施了《觉华岛旅游度假区总体规划》。觉华岛 2017 年居民人均可支配收入 12 100 元。生活垃圾及污水 100%处理。全岛通过海底电缆由大陆供电，通信 100%覆盖。觉华岛淡水资源主要为地下水。通过交通班船往返大陆，每天公共班船 1 班次。现有小学、初中各 1 所。有医院 1 所，卫生所 6 所，医疗保险覆盖率为 99%、养老保险覆盖率 80%，社会保障体系较为完善；建成了功能齐全的文化广场，群众性文化活动丰富。先后荣获"国家 AAAA 级景区""国家级风景名胜区""中国十大美丽海岛"等称号。

二、觉华岛生态指数评价

觉华岛 2017 年生态指数为 90.3，海岛生态系统稳定，总体生态状况优。

觉华岛植被覆盖率、自然岸线保有率指标得分较高，周边海域为国家第一类海水水质，水质情况良好，海岛生态环境保持良好。岛陆建设强度适中，环境保护设施完备，实现污水及垃圾处理率 100%。在海岛生态管理方面，积极开展和推进海岛生态保护，制定实施海岛保护与发展规划；对岛上的历史遗迹采取了较为有效的保护措施。2017 年海岛未发生违法用海、用岛行为，未发生重大生态损害事故。

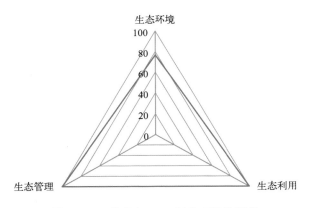

图 5.6-2　觉华岛 2017 年生态指数评价

三、觉华岛发展指数评价

觉华岛 2017 年发展指数为 81.1，在评估的 100 个有居民海岛中排名第 28。

在经济发展方面，觉华岛财政收入水平和人均可支配收入水平低于沿海省(自治区、直辖市)平均水平。在生态环境方面，植被覆盖率、自然岸线保有率和周边海域水质得分较高，海岛生态环境总体良好。在社会民生方面，供电、供水等基础设施较为完备，但陆岛交通运力不足，尚不能完全满足陆岛出行需要；社会保障参保率较高，但岛上医疗卫生人员数不足。在文化建设方面，觉华岛拥有小学、中学各 1 所，满足海岛教育需要；文化体育场地(馆)设施人均拥有量高于全国平均水平。在社区治理方面，规划管理、社会治安满意度均表现良好，但尚未制定村规民约。综合分析，觉华岛在经济发展、社区治理及社会民生方面尚待提升，其他方面发展良好。

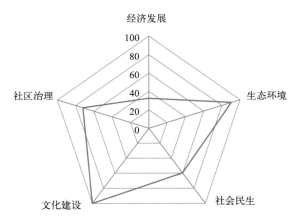

图 5.6-3　觉华岛 2017 年发展指数评价

四、觉华岛综合评价小结

觉华岛在生态环境、文化建设方面具有较大优势，但在经济发展、社区治理及社会民生方面尚待提升。制约海岛发展的因素主要是财政收入和人均收入水平较低，陆岛交通设施尚不能满足需要，医疗卫生服务保障不够。

第六章

山东省典型海岛生态指数和发展指数评估专题报告

第一节　南长山岛生态指数与发展指数评价

一、海岛概况

南长山岛隶属于山东省烟台市长岛县，是长岛县人民政府所在地。该岛位于渤海海峡，黄海、渤海交汇处，庙岛群岛最南端，南与蓬莱阁隔海相望，北有玉石街海堤公路与北长山岛相连，是山东省最大的海岛。截至 2017 年年末，海岛有常住人口近1.7 万人。唐代在岛上设大谢戍，称大谢岛，后因远看与北长山岛连为一体，犹如一条长长的山脉，故二岛称长山岛，清代时分别称南长山岛、北长山岛，得名至今。该岛位于南侧，故称南长山岛。

图 6.1-1　山东南长山岛 2017 年岸线和开发利用类型

南长山岛面积为 14.0 km²，岸线长 27.8 km，以基岩海岸为主，分布有砂质海岸，植被覆盖率 46.6%。南长山岛是长岛县国家级自然保护区的重要依托，也是长山列岛国家地质公园重要组成部分。

图 6.1-2　鸟瞰山东南长山岛

南长山岛主要支柱产业为休闲旅游与渔业养殖，周边建有港口码头，沿岸线建有望福礁景区、仙境缘景区、黄渤海交汇处、烽山林海景区，南部有部分砂质海岸，建有海水浴场。周边海域养殖模式以筏式与底播增殖为主。岛上曾建有大型风力发电设施，现已拆除。南长山岛 2017 年居民人均可支配收入 15 600 元。目前，南长山岛生活垃圾和污水处理率达 100%。全岛通过海底电缆由大陆供电，实现通信 100% 覆盖；通过海底供水管道由大陆集中供应淡水，实现集中无限时供水。通过码头的交通班船往返大陆，每天公共班船最多 20 余班次，单船运力平均约为 480 人。

二、南长山岛生态指数评价

南长山岛 2017 年生态指数为 78.8，海岛生态系统较为稳定，总体生态状况良。

图 6.1-3　南长山岛码头

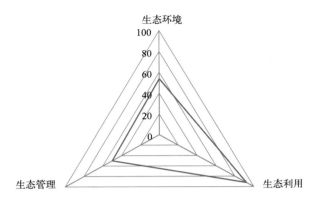

图 6.1-4　南长山岛 2017 年生态指数评价

南长山岛周边海域水质得分较高，但由于岸线和岛陆开发强度较大，植被覆盖率和自然岸线保有率得分较低。污水和垃圾处理率已达到 100%，海岛环境治理较好。在海岛生态保护方面，正在编制长岛城市总体规划，设立了国家级自然保护区。2017 年海岛未发生违法用海、用岛行为，未发生重大生态损害事故。

三、南长山岛发展指数评价

南长山岛 2017 年发展指数为 86.8，在评估的 100 个有居民海岛中排名第 20。

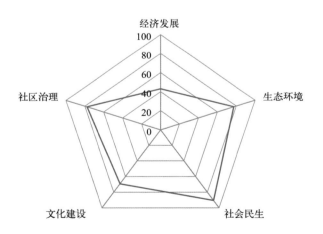

图 6.1-5　南长山岛 2017 年发展指数评价

在经济发展方面，南长山岛的居民人均可支配收入较低，经济实力相对较弱。在海岛生态环境方面，南长山岛环境质量得分较高，但植被覆盖率和自然岸线保有率影响了海岛生态环境得分。在社会民生方面，南长山岛供电、供水、海岛交通等基础设施较为完备，医疗条件完备，但社会保障方面评分不高。在文化建设方面，南长山岛教育设施完备，但人均拥有公共文化体育设施面积较低。在社区治理方面，村规民约建设及社会治安满意度均表现较好。综合分析，南长山岛经济发展相对较弱，生态环境、文化建设和社区治理方面均存在着一定不足，但生态环境和社会民生评分较高。

四、南长山岛综合评价小结

南长山岛是长岛县政府所在海岛，是长岛县政治、经济和文化中心。评价结果显示，南长山岛生态利用和社会民生方面表现出色，但经济发展相对较弱，在生态环境、生态管理、文化建设和社区治理方面均存在着一定不足，亟待进一步加强。

第二节　南隍城岛生态指数与发展指数评价

一、海岛概况

南隍城岛隶属于山东省烟台市长岛县，位于渤海海峡，黄海、渤海交汇处，属于近岸海岛，是乡镇级有居民海岛，是南隍城乡政府所在地。南隍城乡下辖1个行政村和1个自然村，至2017年年末有常住人口900人。唐高宗征高句丽时在此修夯土城一座，名皇城，明代称皇城岛，清代时分别称南隍城岛、北隍城岛，得名至今。

南隍城岛面积为1.9 km²，岸线长14.8 km，以基岩海岸为主，植被覆盖率65.9%。南隍城岛海岸曲折，海蚀地貌景观独特，滩上砾石磨圆好。岛上有陀佛山石刻等历史人文遗迹多处。南隍城岛是长山列岛国家地质公园重要组成部分，也是长岛国家级鸟类自然保护区、庙岛群岛斑海豹自然保护区的重要组成部分。

南隍城岛2017年居民人均可支配收入20 019元。目前，南隍城岛实现生活垃圾10%处理，污水未实现100%处理。全岛通过海底电缆由大陆供电，实现通信100%覆盖；通过海底供水管道由大陆集中供应淡水。通过交通班船往返大陆，每天2班次，单船运力300人。现有小学1所。有卫生所1所，医疗保险和养老保险覆盖率90%。岛上建有海水源供暖设施一处。获得"中国最美休闲乡村""山东省省级安全社区""省级文明村""省级文明乡""先进基层党组织"等荣誉称号。

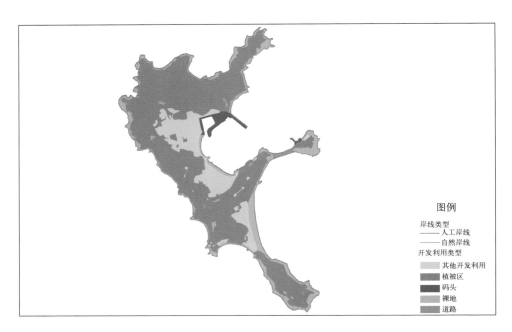

图 6.2-1　山东南隍城岛 2017 年岸线和开发利用类型

二、南隍城岛生态指数评价

南隍城岛 2017 年生态指数为 81.9，海岛生态系统较为稳定，总体生态状况优。

南隍城岛植被覆盖率、自然岸线保有率和周边海域水质得分较高，海岛生态环境保持良好。海岛岛陆建设强度小，但环境保护设施建设未能满足需要，污水处理率和垃圾处理率尚未达到 100%，对海岛生态环境的影响和破坏较大，需要改进。在海岛的生态保护方面，已经制定了海岛保护规划，重视生态环境的修复和涵养。2017 年海岛未发生违法用海、用岛行为，未发生重大生态损害事故。

三、南隍城岛发展指数评价

南隍城岛 2017 年发展指数为 91.5，在评估的 100 个有居民海岛中排名第 9。

在经济发展方面，南隍城岛的财政收入和居民人均可支配收入水平远低于沿海省（自治区、直辖市）平均水平，经济实力较弱。在海岛生态环境方面，南隍城岛植被覆盖率、自然岸线保有率和周边海域水质得分较高，海岛生态环境保持良好，污水处理率和垃圾处理率较低影响了海岛生态环境得分。在社会民生方面，南隍城岛供电、供水、海岛交通等基础设施较为完备，社会医疗保险参保率和养老保险参保率不到100%，岛上的医疗卫生人员数相对较少，医疗服务不足。在文化建设方面，南隍城岛

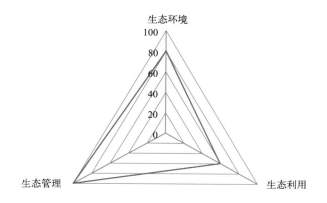

图 6.2-2　南隍城岛 2017 年生态指数评价

拥有小学 1 所，满足海岛教育需要；文化体育场地（馆）设施人均拥有量高于全国平均水平。在社区治理方面，规划管理、村规民约建设及社会治安满意度均表现良好。综合分析，南隍城岛经济发展相对较弱，生态环境和社会民生建设存在不足，但在文化建设和社区治理方面表现良好。

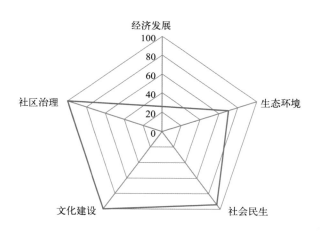

图 6.2-3　南隍城岛 2017 年发展指数评价

四、南隍城岛综合评价小结

南隍城岛以产业化渔业为主要产业，产业实力强但结构单一，经济发展逐步落后于沿海省（自治区、直辖市）经济发展平均水平，经济和产业发展成为制约南隍城岛发展的主要因素。此外，污水处理设施不完备影响海岛协调发展，亟待加强。

第三节　大钦岛生态指数与发展指数评价

一、海岛概况

大钦岛隶属于山东省烟台市长岛县，位于渤海海峡，黄海、渤海交汇处，属于近岸海岛，是乡镇级有居民海岛，是大钦岛乡政府所在地。大钦岛乡下辖4个行政村和4个自然村，至2017年年末有常住人口1 000余人。唐代与小钦岛合称歆岛，宋代时演变成钦岛，清代时称大钦岛。

大钦岛面积6.5 km²，岸线长16.4 km，以基岩海岸为主，植被覆盖率65.3%。大钦岛有众多奇特的自然景观，如龙门剑、老寿礁、唐王山等。岛上还有北村三条沟遗址、东村遗址、大顶旺山、南村潜艇基地等历史人文遗迹多处。大钦岛是长山列岛国家地质公园重要组成部分，也是长岛国家级鸟类自然保护区、庙岛群岛斑海豹自然保护区的重要组成部分。

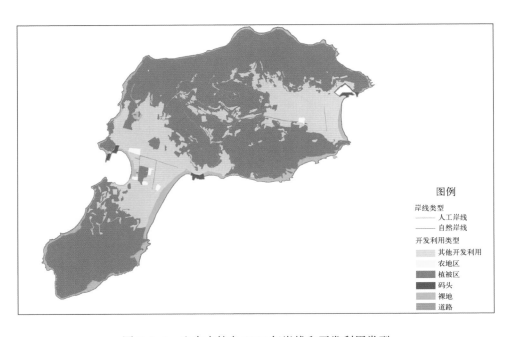

图6.3-1　山东大钦岛2017年岸线和开发利用类型

大钦岛2017年居民人均可支配收入16 000余元。全岛通过海底电缆由大陆供电，实现通信100%覆盖；通过海底供水管道由大陆集中供应淡水，为了节约用水，实行定时供水。通过交通班船往返大陆，每天3班次，单船运力260人。现有小学1所。有医院1所，卫生所1所，医疗保险和养老保险覆盖率为100%。

二、大钦岛生态指数评价

大钦岛 2017 年生态指数为 99.7，海岛生态系统较为稳定，总体生态状况优。

大钦岛植被覆盖率、自然岸线保有率和周边海域水质得分较高，海岛生态环境保持良好。海岛岛陆建设强度不高，对海岛生态环境的影响轻微。在海岛的生态保护方面，已经制定了海岛保护规划。2017 年海岛未发生违法用海、用岛行为，未发生重大生态损害事故。

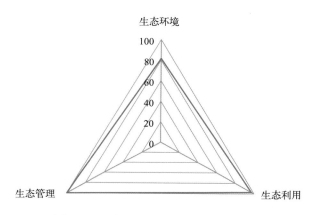

图 6.3-2　大钦岛 2017 年生态指数评价

三、大钦岛发展指数评价

大钦岛 2017 年发展指数为 91.9，在评估的 100 个有居民海岛中排名第 8。

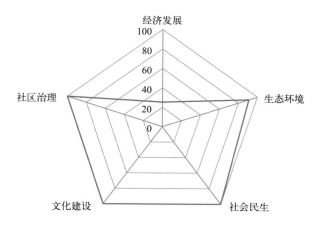

图 6.3-3　大钦岛 2017 年发展指数评价

在经济发展方面，大钦岛的财政收入和居民人均可支配收入远低于沿海省（自治区、直辖市）平均水平，经济实力较弱。在海岛生态环境方面，大钦岛植被覆盖率、自然岸线保有率和周边海域水质得分较高，海岛生态环境保持良好，海岛开发未对海岛生态环境产生较大影响。在社会民生方面，大钦岛供电、供水、海岛交通等基础设施较为完备；社会医疗保险和养老保险参保率达到100%，岛上的医疗卫生人员数能够满足公共医疗服务需求。在文化建设方面，大钦岛拥有小学1所，满足海岛教育需要；文化体育场地(馆)设施人均拥有量高于全国平均水平。在社区治理方面，规划管理、村规民约建设及社会治安满意度均表现良好。综合分析，大钦岛经济发展相对较弱，但在生态环境、社会民生、文化建设和社区治理方面均表现良好。

四、大钦岛综合评价小结

大钦岛是渔业强岛，渔业是海岛支柱产业，但产业单一，发展速度不及沿海平均水平，使经济发展成为制约大钦岛全面发展的主要因素。大钦岛采取积极措施振兴海岛渔业：①补齐渔业生产短板，重点破解网箱养殖黑鱼鱼苗短缺等问题，引进新的养殖品种和方法；②拓展加工销售渠道，鼓励企业改进鲜嫩海带、即食加工设施，依托现有养殖协会和合作社实现渔民抱团发展，拓展"互联网+"新兴销售渠道；③实施海洋牧场开发，支持弘祥国家级海洋牧场建设和海上平台项目运营，改善海洋环境，打造海上粮仓；④形成龙头企业带动格局，推动"渔业+旅游业"融合发展。同时继续加强海岛的生态保护与整治，守住生态红线，实现生态文明。

第四节 大黑山岛生态指数与发展指数评价

一、海岛概况

大黑山岛隶属于山东省烟台市长岛县，是乡镇级有居民海岛。大黑山岛为黑山乡人民政府所在地，辖6个村，截至2017年年末，有常住人口1 000余人。明代与小黑山岛统称黑岛，清代因其主峰老黑山而称今名。

大黑山岛面积7.4 km²，岸线长14.3 km，植被覆盖率76.8%。该岛地势西高东低，山石嶙峋，草木丰茂，有大小低丘峰18个，岛上以蝮蛇、古墓和燧石最为著名。大黑山岛是长岛县国家级自然保护区的重要依托。岛上的北庄遗址被考古学家称为"东半坡"，它是中国东部沿海发现的唯一大型原始社会村落遗址，1996年被国务院公布为国家级重点文物保护单位。有中国"大陆屿"发育最典型的石英岩群——龙爪山，中国北方第一海蚀洞——聚仙洞。岛上蝮蛇众多，被称为"中国第二大蛇岛"。

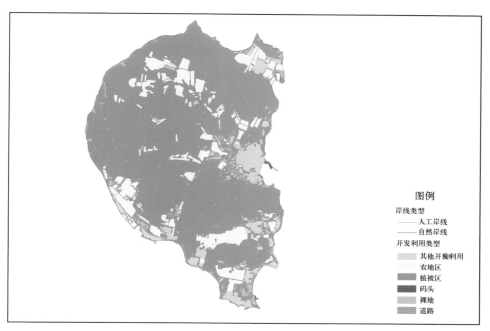

图 6.4-1　山东大黑山岛 2017 年岸线和开发利用类型

图 6.4-2　大黑山岛龙爪山

　　大黑山岛经济以渔业为主，主要从事规模化海参、贻贝养殖，2017 年居民人均可支配收入 16 436 元。目前，大黑山岛生活垃圾和污水处理率达 100%。全岛实现了集中无限时供电，集中限时供水，通信运营全覆盖。岛上建有轮渡码头，公共班船单日最多 4 班次。

图 6.4-3　大黑山岛风貌

二、大黑山岛生态指数评价

大黑山岛 2017 年生态指数为 95.3，总体生态状况优。

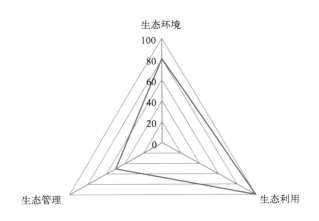

图 6.4-4　大黑山岛 2017 年生态指数评价

大黑山岛周边海域水质优良，植被覆盖率和自然岸线保有率得分也较高。生态利用方面总体较好，岛陆建设强度低，污水和垃圾处理率已达到 100%，海岛环境治理良好。在海岛生态保护方面，正在编制长岛城市总体规划，设立了国家级自然保护区。2017年海岛未发生违法用海、用岛行为，未发生重大生态损害事故。

三、大黑山岛发展指数评价

大黑山岛2017年发展指数为93.7，在评估的100个有居民海岛中排名第3。

在经济发展方面，大黑山岛的单位面积财政收入与居民人均可支配收入较低，经济实力相对较弱。在海岛生态环境方面，各指标均得分较高，生态环境良好。在社会民生方面，大黑山岛供电、供水、海岛交通等基础设施较为完备，医疗条件和防灾减灾水平尚可，农村社保卡三合一覆盖率达99%，社会保障水平较高。在文化建设方面，大黑山岛教育设施完备，人均拥有公共文化体育设施面积较高。在社区治理方面，村规民约建设及社会治安满意度均表现较好，但规划管理仍待进一步加强。综合分析，大黑山岛发展指数较高，但经济实力偏弱。

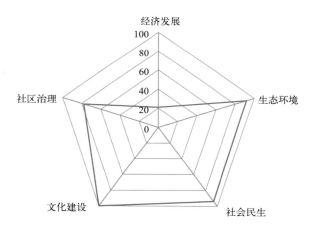

图6.4-5　大黑山岛2017年发展指数评价

四、大黑山岛综合评价小结

大黑山岛是长岛县国家级自然保护区的重要组成部分，是东亚—澳大利亚鸟类迁徙通道的重要节点，海岛整体开发利用程度较低，生态系统维持良好。评价结果显示，大黑山岛生态指数和发展指数评分均较高，生态环境、生态利用、社会民生和文化建设方面表现出色，经济发展较弱是制约海岛发展的最主要因素。

第七章

江苏省和上海市典型海岛生态指数和发展指数评估专题报告

第一节　竹岛生态指数评价

一、海岛概况

竹岛隶属于江苏省连云港市连云区，属于沿岸海岛，无居民海岛。因岛上盛产茂密的淡杂竹而得名竹岛。

竹岛面积 10.6 hm²，岸线长 1.5 km，均为自然岸线，植被覆盖率为 82.2%。

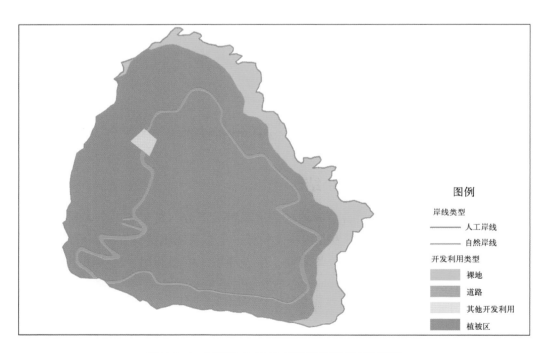

图 7.1-1　江苏竹岛 2017 年岸线和开发利用类型

图 7.1-2　竹岛灯塔

二、竹岛生态指数评价

竹岛 2017 年生态指数为 75.2，海岛生态系统稳定，海岛生态系统状况良。

竹岛整岛开发利用程度较低，岛体植被覆盖率较高，岛体沿线开发利用较少，自然岸线保有率一般，海岛因临近大陆和港区，周边海域水质情况差，海岛生态环境保持一般。岛陆建设强度适中，环境保护设施完备。在海岛生态管理方面，积极开展和推进海岛生态保护，并制定实施了单岛规划。2017 年海岛未发生违法用海、用岛行为，未发生重大生态损害事故。

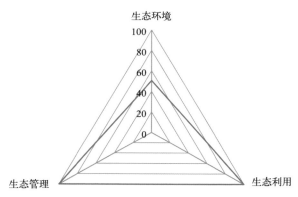

图 7.1-3　竹岛 2017 年生态指数评价

第二节　横沙岛生态指数与发展指数评价

一、海岛概况

横沙岛隶属于上海市崇明区，位于长江入海口，是沿岸泥沙岛，乡镇级有居民海岛。横沙乡下辖 24 个行政村，404 个自然村，至 2017 年年末有常住人口 3 万余人。为横卧于长江口门处的淤积沙岛，南北两侧均为航道或水道，故称横沙岛。

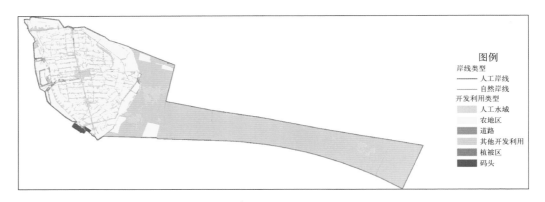

图 7.2-1　上海横沙岛 2017 年岸线和开发利用类型

横沙岛面积 116.1 km²，岸线长 75.6 km，全部为人工岸线，植被覆盖率 1.2%。横沙岛为长江口冲积岛，为了保持海岛稳定，全岛修建了人工堤岸。最新的人工堤岸合围的部分是潮滩围堰形成的，尚无植被覆盖，其他海岛区域主要为城镇建设和农地区域，因此海岛自然植被覆盖率低。横沙岛淳朴自然，非常宁静，到处是田园风光，岛上还有天主教堂、海事局瞭望塔等人文遗迹多处，1992 年被列为国家级旅游度假区。

横沙乡以农渔业为主，工业为辅。横沙岛 2017 年居民人均可支配收入 24 455 元。目前，横沙岛实现生活垃圾 100% 处理，污水未实现 100% 处理。全岛通过海底电缆由大陆供电，实现通信 100% 覆盖；岛上集中供应淡水。与上海、崇明有通勤班船，每天公共班船 8 班次。现有小学 1 所，初中 1 所。有医院 1 所，卫生所 4 所，医疗保险和养老保险覆盖率均为 100%。

二、横沙岛生态指数评价

横沙岛 2017 年生态指数为 32.0，海岛生态系统不稳定、脆弱，总体生态状况差。

横沙岛植被覆盖率低，无自然岸线，位于长江入海口周边海域，水质达不到国家第一类、第二类海水水质标准，海岛生态环境本底状况差。海岛岛陆建设强度较小，

图 7.2-2　横沙岛风光

污水处理设施建设未能满足需要，对海岛生态环境具有一定影响，需要改进。在海岛的生态保护方面，已经制定了相关规划，但尚未实施。2017 年海岛未发生违法用海、用岛行为，未发生重大生态损害事故。

三、横沙岛发展指数评价

横沙岛 2017 年发展指数为 69.1，在评估的 100 个有居民海岛中排名第 56。

在经济发展方面，横沙岛的财政收入水平略高于沿海省（自治区、直辖市）单位面积财政收入水平，而居民的人均可支配收入略低于沿海省（自治区、直辖市）平均水平，

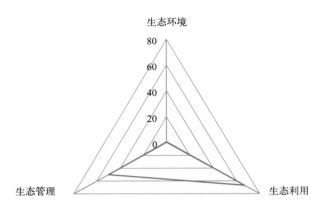

图 7.2-3　横沙岛 2017 年生态指数评价

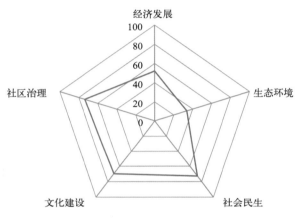

图 7.2-4　横沙岛 2017 年发展指数评价

经济实力尚好。在海岛生态环境方面，横沙岛植被覆盖率、自然岸线保有率和周边海域水质得分都极低，污水处理率低，海岛生态环境总体脆弱，状况较差。在社会民生方面，横沙岛供电、供水、防灾减灾等基础设施较为完备，但海岛对外交通不足，陆岛交通不便利。社会医疗保险和养老保险参保率达到 100%，但岛上的医疗卫生人员数相对较少，低于全国平均水平。在文化建设方面，横沙岛文化体育场地（馆）设施人均拥有量远低于全国人均水平，公共文化体育设施不足。在社区治理方面，规划管理、村规民约建设及社会治安满意度表现较好。综合分析，横沙岛经济发展和社区治理尚好，社会民生和文化建设方面存在不足，但生态环境状况差，亟待改善。

四、横沙岛综合评价小结

横沙岛是长江入海口的泥沙岛，隶属于上海市。海岛的经济区位和地理位置使其经济发展和社区治理尚好，社会民生和文化建设方面存在不足，海岛生态环境尤其脆弱，应加强维护海岛稳定，提高海岛自然植被覆盖率，提升海岛岸线生态化水平。

第八章

浙江省典型海岛生态指数和发展指数评估专题报告

第一节　大榭岛生态指数与发展指数评价

一、海岛概况

大榭岛隶属于浙江省宁波市北仑区，东临东海，濒临国际深水航道，西与北仑港相邻，属沿岸岛，乡镇级有居民海岛。大榭岛下辖本岛 5 个行政村，2017 年常住人口近 5 万人。岛中间有一主峰，古称"大若山"（乾道《四明图经》），延祐《四明志》称作"大箬山"，后谐作"大榭"。

大榭岛面积 42.3 km²，岸线长 24.4 km，以人工岸线为主，基岩海岸、砂质海岸和淤泥质海岸均有分布，植被覆盖率为 29.2%。大榭岛早期草木繁茂葱郁，远观如水榭，20 世纪初以来，生活在这个小岛上的居民为了生存，修筑了和外界进行人员与物资交流的道头，开辟了与舟山等地贸易的"海上茶马古道"；大榭岛有近 20 个海边道头，如东咀道头、关外道头和北渡道头等。

大榭岛充分利用深水海岸资源和自然地理位置优势，实施《全国海岛保护规划》《浙江省海岛保护规划》，制定《宁波大榭开发区总体规划（2010—2030）》，全力打造"一岛两区三基地"。大榭岛 2017 年地方财政总收入 140 亿元。岛上无淡水资源，引水工程的规模日平均 103 000 t。大榭港区是全国首个生态安全港，是全省第一个、全国第五个国际卫生港口，拥有全亚洲最大的 45 万吨级中石化原油码头。大榭大桥是我国第一座公铁两用的跨海大桥。大榭二桥是目前国内跨度最大的双塔单索面跨海斜拉桥和国内首座大型混合塔及分段全焊接帆型塔斜拉桥。宁波大榭开发区被确定为国家级循环化改造示范试点园区。20 世纪五六十年代，大榭岛的居民利用荒山荒坡种植经济作物——萝卜。岛上居民用祖传的方法加工腌制的萝卜干清香四溢、味醇爽口，一度盛销全国，与浙江省内著名的"萧山萝卜干"齐名。

图 8.1-1　浙江大榭岛 2017 年岸线和开发利用类型

图 8.1-2　鸟瞰大榭岛

二、大榭岛生态指数评价

大榭岛 2017 年生态指数为 46.4，海岛生态状况较差、脆弱，需加强海岛保护与修复。

大榭岛植被覆盖率、自然岸线保有率较低，周边海域水质状况好，海岛生态环境有待提高。海岛岛陆建设强度较大，环境保护设施建设未能满足需要，尚未有污水处理和垃圾处理设施，对海岛生态环境具有较大影响。在海岛生态保护方面，积极开展和推进海岛生态保护，并制定实施了大榭开发区总体规划；对岛上的自然景观、历史遗迹采取了较为有效的保护措施。2017 年海岛未发生违法用海、用岛行为，未发生重大生态损害事故。

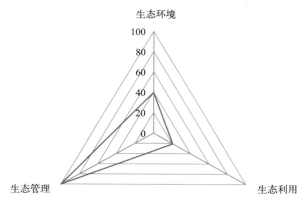

图 8.1-3　大榭岛 2017 年生态指数评价

三、大榭岛发展指数评价

大榭岛 2017 年发展指数为 60.3，在评估的 100 个有居民海岛中排名第 70。

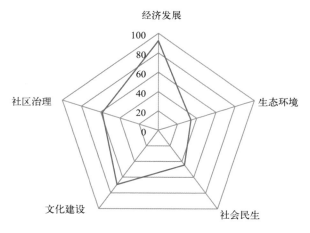

图 8.1-4　大榭岛 2017 年发展指数评价

在经济发展方面，大榭岛的财政收入水平和人均可支配收入水平均高于沿海省（自治区、直辖市）单位面积财政收入水平。在海岛生态环境方面，大榭岛植被覆盖率和自然岸线保有率低，周边海域水质得分高，海岛生态环境总体较差。在社会民生方面，大榭岛供电、供水等基础设施完备，对外交通条件能满足岛上居民出行，但受大风大雾等影响；社会保障参保率低，医疗卫生人员数不足。在文化建设方面，大榭岛拥有小学 2 所，中学 1 所，满足海岛教育需要，暂时没有建设文化体育场地（馆）。在社区治理方面，规划管理、村规民约建设及社会治安满意度均表现良好。综合分析，大榭岛经济发展表现较好，但文化建设、生态环境、社会民生和社区治理等方面有待进一步提升。

四、大榭岛综合评价小结

大榭岛开发利用强度较高，环境压力大，海岛植被覆盖率和自然岸线保有率都相对较低，但岛上污水和垃圾处理处理设施不足，对环境的污染和破坏较大，导致生态指数低，而大榭岛单位面积财政收入和人均可支配收入都较高，经济发展处于前列。大榭开发区在加快"产业集聚之区"的同时，应积极推进构建生态文化体系，树立并践行"绿水青山就是金山银山"的发展理念，在全力打造富有大榭特色经济发展"金名片"的同时构建生态文明的"绿名片"，尤其应加强海岛垃圾处理和污水处理设施建设，保护岛上生态环境。

第二节　秀山岛生态指数与发展指数评价

一、海岛概况

秀山岛属于浙江省舟山市岱山县南端，定海区北侧海域。秀山是一个著名侨乡，2017 年有户籍人口 7 000 余人。

秀山岛属大陆基岩岛，面积 29.8 km²，岸线长 46.3 km，其中自然岸线 22 033 m，以基岩海岸为主，分布有砂质海岸、泥质海岸，植被覆盖率 43.4%，海岛地貌以丘陵为主。秀山岛具有丰富的景观资源，主要景点有滑泥主题公园、兰秀文化博物馆、秀山沙滩群、九子佛屿、海滨浴场、长寿禅院、厉族众家祠堂、厉家五大房和狮子岩等。岛上开展多种形式的带"海味"的特色节目，景区动静结合，是风情浓厚、绚丽多姿的海上娱乐城。

秀山岛坚持科学发展理念，2017 年居民人均可支配收入 25 000 元。目前，秀山岛实现生活垃圾 100% 处理，污水 100% 集中处理。全岛通过海底电缆由大陆供电，实现通信 100% 覆盖；通过海底供水管道由大陆集中供应淡水，实现无限时供水。每天公共班船最多 16 余班次。现有小学 1 所，中学 1 所。有医院 1 所，卫生所 2 所，医疗保险和养老保险覆盖率分别为 100% 和 98.5%。

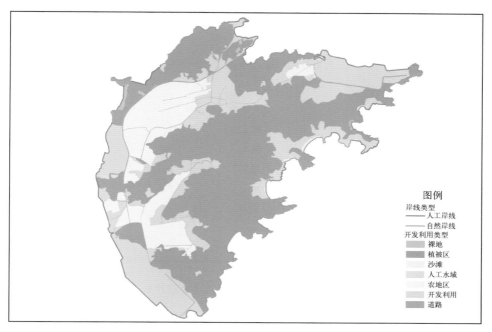

图例

岸线类型
—— 人工岸线
—— 自然岸线

开发利用类型
裸地
植被区
沙滩
人工水域
农地区
开发利用
道路

图 8.2-1　浙江秀山岛 2017 年岸线和开发利用类型

图 8.2-2　秀山岛三礁抛荒地整治前后对比

二、秀山岛生态指数评价

秀山岛 2017 年生态指数为 69.7，海岛生态系统较为稳定，总体生态状况良。

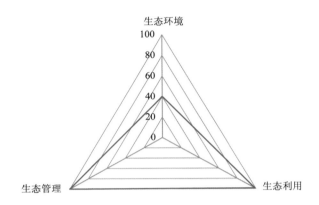

图 8.2-3　秀山岛 2017 年生态指数评价

秀山岛植被覆盖率、自然岸线保有率得分较低，周边海域水质污染较重，海岛生态环境较差。海岛岛陆建设强度较小，采取了积极的环保措施，污水和垃圾实现了全部集中处理，海岛开发利用的影响很小。在海岛的生态保护方面，已经制定了乡级规划——《秀山乡域总体规划》，且已实施。2017 年海岛未发生违法用海、用岛行为，未发生重大生态损害事故。

三、秀山岛发展指数评价

秀山岛 2017 年发展指数为 87.9，在评估的 100 个有居民海岛中排名第 16。

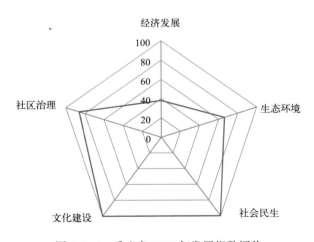

图 8.2-4　秀山岛 2017 年发展指数评价

在经济发展方面，秀山岛的财政收入水平远低于沿海省（自治区、直辖市）单位面积财政收入水平，居民的人均可支配收入接近沿海省（自治区、直辖市）平均水平，经济实力相对较弱。在海岛生态环境方面，秀山岛植被覆盖率、自然岸线保有率得分较低，周边海域水质污染较重。海岛生态利用方面较好，海岛岛陆建设强度小，污水和垃圾实现 100% 集中处理。在社会民生方面，秀山岛供电、供水、海岛交通等基础设施较为完备，社会医疗保险参保率和养老保险参保率较高，岛上的医疗卫生人员数相对较少。在文化建设方面，秀山岛拥有小学 1 所，中学 1 所，满足海岛教育需要；文化体育场地（馆）设施人均拥有量远高于全国平均水平。在社区治理方面，规划管理、村规民约建设及社会治安满意度均表现良好。综合分析，秀山岛经济发展相对较弱，生态环境方面存在不足，社区治理、文化建设和社会民生等方面较好。

四、秀山岛综合评价小结

秀山岛经济发展相对较弱，生态环境一般。在经济发展方面，继续优化发展传统渔业、农业、盐业和海运，加速产业升级，在保护和修复渔业资源以及保护环境的同时，做大做强休闲渔业，促进岛上船舶修造业的发展。继续完善社区治理，使生态环境保护、民生服务与海岛经济协调发展，建设宜居宜游的生态岛礁。

第三节　金塘岛生态指数与发展指数评价

一、海岛概况

金塘岛隶属于浙江省舟山市定海区，是舟山群岛中的第四大岛，与舟山本岛仅一水之隔。2017 年有户籍人口 4 万余人。据民间传说，很久以前，古人因筑堤围涂久耕成沃土，年年丰收，遂将蓄淡水的两条大塘誉为"金塘"。

金塘岛属于大陆基岩岛，面积 84.1 km²，岸线长 52.9 km，以人工岸线为主，分布有基岩海岸、砂质海岸，植被覆盖率 58.3%。金塘岛具有丰富的景观资源，形成了独特的"仙人山""大棚山"等景观，此外还有几处历史人文遗迹。"平倭碑"立于沥港下街，花岗石质，高 3.05 m，宽 1.26 m，四周围墙，占地面积 20 m²。碑正中偏下阳镌"平倭港"三个苍劲有力的大字，字顶端刻碑铭二百余字，陈述了明朝兵部左侍郎胡宗宪部属、副总兵卢镗及子卢相等率部在金塘岛沥港诱擒倭寇辛五郎、俘斩倭寇数百的史实。因年代久远，字迹已有些模糊。据《金塘志》记载，该碑建于明嘉靖四十二年（1563 年），明天启五年（1625 年）重修，在沥港的街头已经伫立四百余年。

金塘岛坚持科学发展理念，2017 年居民人均可支配收入 31 545 元。目前，全

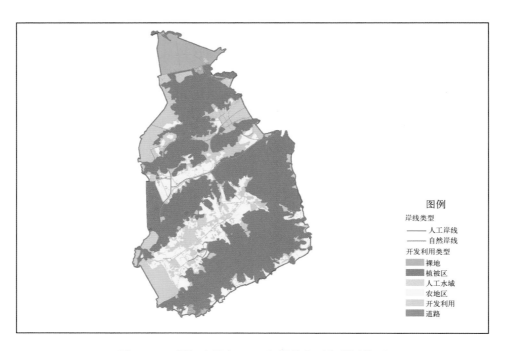

图 8.3-1　浙江金塘岛 2017 年岸线和开发利用类型

岛实现生活垃圾 100% 处理，污水未实现 100% 处理。全岛通过海底电缆由大陆供电，实现通信 100% 覆盖；通过海底供水管道由大陆集中供应淡水，实现无限时供水。岛上有桥梁与陆域相连，每天公交车 40 余班次。现有小学 4 所，中学 1 所。有医院 1 所，卫生所 12 所，医疗保险和养老保险覆盖率均为 100%。海岛品牌建设突出，获得"全国文明村镇""浙江省森林城镇""浙江省美丽乡村特色精品村"等荣誉称号。

二、金塘岛生态指数评价

金塘岛 2017 年生态指数为 62.2，海岛生态系统较稳定，但具有不稳定因素，总体生态状况中。

金塘岛植被覆盖率尚好，自然岸线保有率得分较低，周边海域水质污染较重，海岛生态环境一般。海岛岛陆建设强度较小，环境保护设施建设未能满足需要，污水处理率尚未达到 100%，对海岛生态环境有一定影响，需要改进。在海岛的生态保护方面，已经制定了乡级规划《金塘岛总体规划（2009—2020 年）》，且已实施。2017 年海岛未发生违法用海、用岛行为，未发生重大生态损害事故。

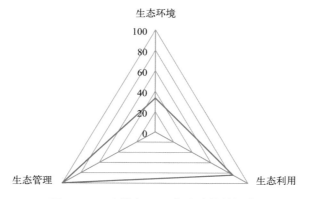

图 8.3-2　金塘岛 2017 年生态指数评价

三、金塘岛发展指数评价

金塘岛 2017 年发展指数为 88.2，在评估的 100 个有居民海岛中排名第 15。

在经济发展方面，金塘岛的财政收入水平高于沿海省（自治区、直辖市）单位面积财政收入水平，居民的人均可支配收入接近沿海省（自治区、直辖市）水平，经济实力相对较强。在海岛生态环境方面，金塘岛植被覆盖率、垃圾处理率和岛陆建设强度较好，自然岸线保有率、周边海域水质和污水处理率较低，影响了海岛生态环境得分。在社会民生方面，金塘岛供电、供水、海岛交通等基础设施较为完备；社会医疗保险参保率和养老保险参保率均为 100%，岛上的医疗卫生人员数相对较多。在文化建设方面，金塘岛拥有小学 4 所，中学 1 所，满足海岛教育需要；文化体育场地（馆）设施人均拥有量远高于全国平均水平。在社区治理方面，规划管理、村规民约建设及社会治安满意度均表现良好。综合分析，金塘岛经济发展、文化建设和社区治理相对较强，生态环境一般，社会民生水平需要提高。

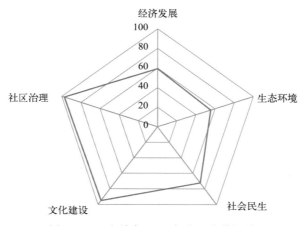

图 8.3-3　金塘岛 2017 年发展指数评价

四、金塘岛综合评价小结

金塘岛经济发展、文化建设和社区治理相对较强，今后应继续优化发展传统渔业，加速产业升级，在保护和修复渔业资源的同时，做大做强休闲渔业。在发展经济的同时，应继续加强生态环境和社会民生建设，重点提高自然岸线生态化水平，完善污水处理设施建设，提高医疗服务能力。

第四节　庙子湖岛生态指数与发展指数评价

一、海岛概况

庙子湖岛隶属于浙江省舟山市普陀区，位于中街山列岛的东段，是普陀区东极镇人民政府驻地，2017年庙子湖岛有户籍人口2 000余人。

庙子湖岛面积2.7 km²，岸线长12.6 km，以基岩海岸为主，植被覆盖率68.9%，海岸线曲折，多湾岙，湾岬相间，岬角狭长。庙子湖岛具有丰富的景观资源，主要景点有财伯公庙、东极渔民画展厅、财伯公塑像、东海游击队烈士纪念碑、东翔亭观潮、战士第二故乡、海疆卫士门、东海第一哨、极恋区等。

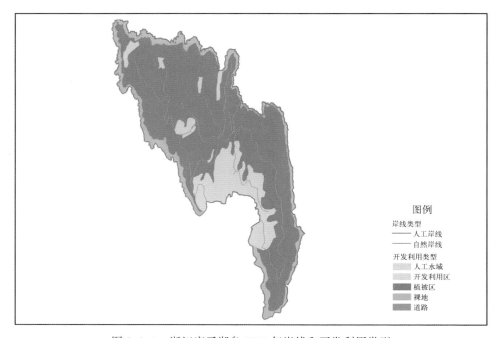

图 8.4-1　浙江庙子湖岛 2017 年岸线和开发利用类型

庙子湖岛坚持科学发展理念，2017 年居民人均可支配收入 31 200 元。目前，庙子湖岛实现生活垃圾 100%处理。全岛通过海底电缆由大陆供电，实现通信 100%覆盖；通过海底供水管道由大陆集中供应淡水，实现无限时供水。每天公共班船最多 4 班次。有医院 1 所，医护人员 23 人，医疗保险和养老保险覆盖率均超过 95%。

二、庙子湖岛生态指数评价

庙子湖岛 2017 年生态指数为 66.6，海岛生态系统较为稳定，总体生态状况良。

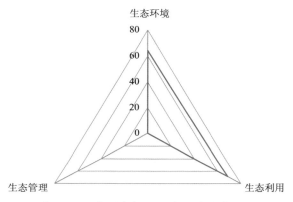

图 8.4-2　庙子湖岛 2017 年生态指数评价

庙子湖岛植被覆盖率、自然岸线保有率得分较高，但周边海域水质污染较严重，海岛生态环境保持良好。海岛岛陆建设强度小，环境保护设施建设未能满足需要，污水处理率尚未达到 100%，对海岛生态环境有一定影响，需要改进。在生态管理方面，尚未制定相关海岛保护规划，是海岛生态管理中的短板。2017 年海岛未发生违法用海、用岛行为，未发生重大生态损害事故。

三、庙子湖岛发展指数评价

庙子湖岛 2017 年发展指数为 65.0，在评估的 100 个有居民海岛中排名第 63。

在经济发展方面，庙子湖岛的财政收入水平远低于沿海省（自治区、直辖市）单位面积财政收入水平，居民的人均可支配收入接近沿海省（自治区、直辖市）平均水平，经济实力相对较弱。在海岛生态环境方面，庙子湖岛植被覆盖率、自然岸线保有率得分较高，但周边海域水质污染较严重，污水处理率较低影响了海岛生态环境得分。在社会民生方面，庙子湖岛供电、供水、海岛交通等基础设施较为完备，岛上的医疗卫生人员数相对较少。在社区治理方面，海岛目前无相关海岛规划，村规民约建设及社会治安满意度均表现良好。综合分析，庙子湖岛除社会民生发展较好外，经济发展、生态环境、文化建设和社区治理方面均存在不足。

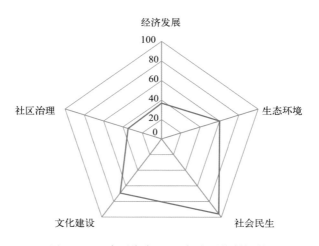

图 8.4-3　庙子湖岛 2017 年发展指数评价

四、庙子湖岛综合评价小结

庙子湖岛经济发展相对较弱，生态环境、文化建设和社区治理方面均存在不足。今后应加快推进海岛污水处理设施建设，制定并完善海岛规划，使生态环境保护、基础设施、民生服务与海岛经济均得到提升，建设宜居宜游的生态岛礁。

第五节　虾峙岛生态指数与发展指数评价

一、海岛概况

虾峙岛隶属于浙江省舟山市普陀区，位于六横岛和桃花岛之间，因其形状如虾浮游于海上，加上岙门众多，成犄角对峙之势，故得名虾峙岛。海岛呈西北—东南走向，岛形狭长似虾体。2017 年虾峙岛有户籍人口近 2 万人。

虾峙岛面积 17.7 km²，岸线长 55.7 km，以基岩海岸为主，分布有砂质海岸，海岸线曲折，湾岬相间，海湾口门窄，纵深大，呈楔状，是良好的港口锚地。虾峙岛植被覆盖率 70.8%。虾峙岛的旅游资源除奇峰、异石、渔港、碧海等自然景观外，还有近 200 年历史的清凉庵和 120 多年前为纪念抗击海盗牺牲的 8 位渔民而建的"义勇捍匪"纪念匾等历史文物、遗迹。

虾峙岛坚持科学发展理念，2017 年居民人均可支配收入 34 588 元。目前，虾峙岛实现生活垃圾 100% 处理，污水尚未实现 100% 处理。全岛通过海底电缆由大陆供电，实现通信 100% 覆盖；通过海底供水管道由大陆集中供应淡水，实现无限时供水。每天公共班船最多 14 班次。现有小学 1 所，中学 1 所。有医院 1 所，卫生所 5 所，医疗保险和养老保险覆盖率均为 100%。海岛品牌建设方面取得了大量荣誉："鱿钓之乡""全

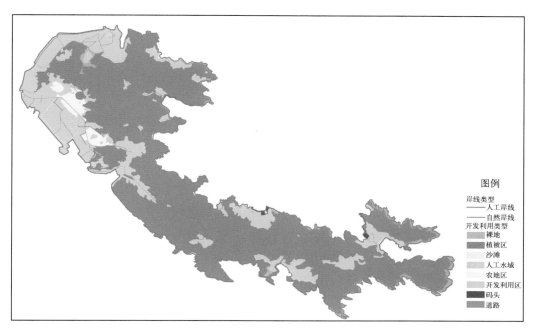

图 8.5-1　浙江虾峙岛 2017 年岸线和开发利用类型

国服务基层双服务先进集体""浙江省特色文化乡镇""浙江省文化先进集体""浙江省文化艺术之乡""浙江省东海明珠乡镇""浙江省东海明珠试点乡镇"等。

二、虾峙岛生态指数评价

虾峙岛 2017 年生态指数为 82.0，海岛生态系统稳定，总体生态状况优。

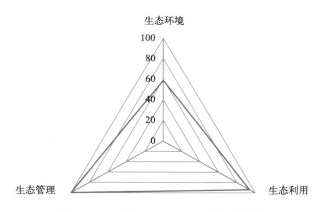

图 8.5-2　虾峙岛 2017 年生态指数评价

虾峙岛植被覆盖率、自然岸线保有率和周边海域水质得分较高，海岛生态环境保持良好。海岛岛陆建设强度不大，已经建设了污水和垃圾处理环境保护设施，但污水处理率尚未达到100%，对海岛生态环境具有一定的影响，需要改进。在海岛的生态保护方面，已经制定实施了海岛保护和发展规划。2017年海岛未发生违法用海、用岛行为，未发生重大生态损害事故。

三、虾峙岛发展指数评价

虾峙岛2017年发展指数为95.6，在评估的100个有居民海岛中排名第2。

在经济发展方面，虾峙岛的财政收入水平远高于沿海省（自治区、直辖市）单位面积财政收入水平，居民的人均可支配收入接近沿海省（自治区、直辖市）平均水平，经济实力较强。在海岛生态环境方面，虾峙岛植被覆盖率、自然岸线保有率、周边海域水质以及垃圾处理率等得分较高，海岛生态环境保持良好。在社会民生方面，虾峙岛供电、供水、海岛交通等基础设施较为完备，但存在供水管网不能满足供水需要的问题；社会医疗保险参保率和养老保险参保率均为100%，岛上的医疗卫生人员数基本满足海岛需求。在文化建设方面，虾峙岛拥有小学1所，中学1所，满足海岛教育需要；文化体育场地（馆）设施人均拥有量远高于全国人均水平。在社区治理方面，规划管理、村规民约建设及社会治安满意度均表现良好。综合分析，虾峙岛经济发展较强，生态环境、社会民生、文化建设和社区治理各方面均表现良好。

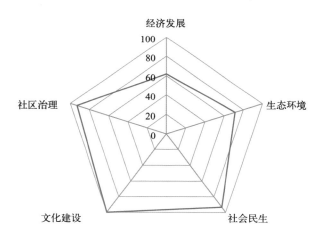

图 8.5-3　虾峙岛 2017 年发展指数评价

四、虾峙岛综合评价小结

虾峙岛经济发展相对较强，在本次海岛评估中排名靠前。在经济发展方面，需加速产业升级，在发展传统渔业基础上，向现代化旅游业转型。继续完善海岛医疗、文化、体育设施，使生态环境保护、基础设施和民生服务与海岛经济协调发展。

第六节　泗礁山岛生态指数与发展指数评价

一、海岛概况

泗礁山岛隶属于浙江省舟山市嵊泗县，近岸海岛，是嵊泗列岛的主岛。泗礁山岛上有菜园镇，下辖 9 个行政村，至 2017 年年末有常住人口 3 万余人。从东、西两方向远眺，里泗礁、外泗礁为连成四块高耸海面的礁岩，故名四礁，得名泗礁山岛。

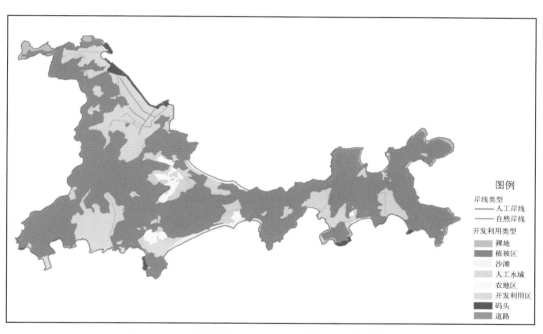

图 8.6-1　浙江泗礁山岛 2017 年岸线和开发利用类型

泗礁山岛面积 22.3 km²，岸线长 52.6 km，以基岩海岸为主，分布有砂质海岸、人工岸线，植被覆盖率 67.5%。泗礁山岛是嵊泗列岛国家级风景名胜区的核心景区，有基湖沙滩、大悲山、鱼雷洞、六井潭等景点。岛上有五龙鱼龙洞、嵊泗县革命烈士纪念碑、民国王宝龙宅 3 处县级文物保护单位和南宋墓碑、五龙万人坑等历史人文遗迹多处。

泗礁山岛是嵊泗县政府所在地，已编制实施《嵊泗县发展规划》，推动全县海岛坚持科学发展理念，积极建设宜居宜游美丽海岛。泗礁山岛 2017 年城镇居民人均可支配收入 47 520 元，渔农民纯收入 26 000 元。目前，泗礁山岛实现生活垃圾 100% 处理，污水 100% 集中处理。全岛通过海底电缆由大陆供电，实现通信 100% 覆盖；通过海底供水管道由大陆集中供应淡水。岛上有码头 6 个，与舟山沈家门和小洋山分别开通了航线，每天公共班船最多 50 余班次。现有小学 1 所，中学 2 所。有医院 2 所，卫生所 2 所，医疗保险和养老保险覆盖率均超过 95%。泗礁山岛先后获得"全国卫生县城""双拥县"等荣誉称号。

二、泗礁山岛生态指数评价

泗礁山岛 2017 年生态指数为 74.4，海岛生态系统稳定，总体生态状况良。

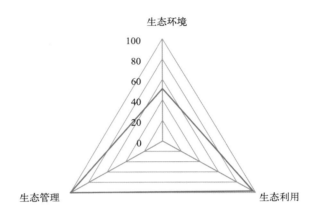

图 8.6-2　泗礁山岛 2017 年生态指数评价

泗礁山岛植被覆盖率得分较高，但自然岸线保有率偏低，周边海域水质全年均未达到国家第一类、第二类海水水质标准，海岛生态环境较差。海岛岛陆建设强度不大，环境保护设施建设不断完善，污水处理率和垃圾处理率都达到 100%，开发利用活动对海岛生态环境的影响很小。在海岛的生态保护方面，已经制定海岛保护的相关规划，海岛规划管理落实较好。2017 年海岛未发生违法用海、用岛行为，未发生重大生态损害事故。

三、泗礁山岛发展指数评价

泗礁山岛 2017 年发展指数为 80.9，在评估的 100 个有居民海岛中排名第 29。

在经济发展方面，泗礁山岛的财政收入水平远低于沿海省（自治区、直辖市）单位面积财政收入水平，而居民的人均可支配收入远高于沿海省（自治区、直辖市）平均水平，经济实力相对尚好。在海岛生态环境方面，泗礁山岛植被覆盖率较高，污水和垃圾都实现 100% 处理，自然岸线保有率和周边海域水质得分较低，影响了海岛生态环境得分。在社会民生方面，泗礁山岛供电、供水、海岛交通等基础设施较为完备；社会医疗保险和养老保险参保率均未达到 100%，岛上的医疗卫生人员数低于全国平均水平，在公共卫生服务方面有待加强。在文化建设方面，泗礁山岛拥有小学 1 所，中学 2 所，满足海岛教育需要；文化体育场地（馆）设施人均拥有量低于全国人均水平。在社

海岛生态指数和发展指数报告（2018）

区治理方面，规划管理、村规民约建设及社会治安满意度均表现良好。综合分析，泗礁山岛在生态环境、社会民生、文化建设和社区治理方面表现都良好，经济发展相对略有不足。

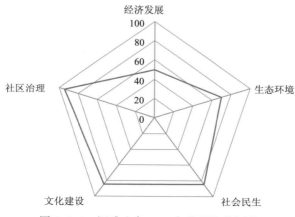

图 8.6-3　泗礁山岛 2017 年发展指数评价

四、泗礁山岛综合评价小结

泗礁山岛生态状况良，生态环境较稳定，海岛利用强度适中，采取了积极的海岛保护与管理措施。同时，泗礁山岛发展均衡，在经济建设、生态环境、社会民生、公共服务以及社区治理均表现良好，但在地方财政、周边海域水质、民生保障方面还存在不足，应继续改进和加强。

第七节　状元岙岛生态指数与发展指数评价

一、海岛概况

状元岙岛隶属于浙江省温州市洞头区，位于东海，属近岸海岛，乡镇级有居民海岛。状元岙岛有 6 个行政村，12 个自然村，2017 年有常住人口 6 000 余人。因岛上有人曾中过状元，故该村得名状元岙，岛以村名。

状元岙岛面积 12.9 km²，岸线长 35.6 km，以基岩海岸为主，植被覆盖率为 30.5%。状元岙岛土壤类型以滨海盐土为主，红壤和粗骨土占有一定比例。岛上拥有省级以上非物质文化遗产 12 处；国家级非物质文化遗产有海洋动物故事和妈祖祭典；省级非物质文化遗产包括：吹打(洞头龙头龙尾)、贝壳舞、贝雕、道教音乐(洞头海岛道教音乐)、七夕成人节、东岙普渡节、陈十四信俗、洞头海岛气象谚语、鱼灯舞(洞头鱼灯)、迎头鬃。

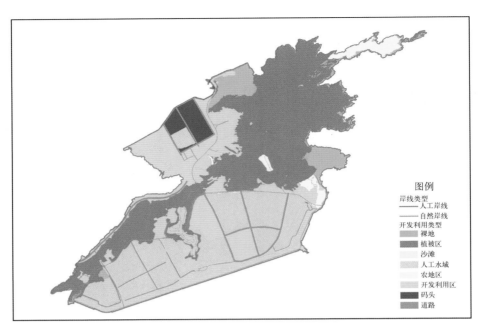

图8.7-1　浙江状元岙岛2017年岸线和开发利用类型

状元岙岛与花岗岛、青山岛组成的元觉乡充分发挥产业和规模优势，全力推进物流产业发展、推进渔农村向新型港口城镇转型，积极建设现代宜居美丽海岛，现有《元觉北片控制性详细规划》。规划着力推进渔农业经济向新型港区经济转型，充分发挥状元岙深水港这一温州通向世界的海上通道优势，加快集仓储、运输、加工、包装、配送等功能为一体的现代化物流基地建设，全力推进物流产业发展，把元觉乡建设成为温州远洋商贸物流基地；着力推进渔农村向新型港口城镇转型，有效改善人居环境和发展环境，深水港一二期、南片围垦、疏港公路、77省道元觉段、陆域引水元觉段、110 kV输变电、沙岗半岛琴湾、元觉水库、深门加油站、公路养护中心、汽车检测中心等一批市政建设完成施工；全面实施"文化元觉"建设，深入挖掘海洋特色文化，传承民间、民俗艺术，努力构筑"一村一品"的文化格局；着力推进渔村社会形态向新型和谐社会形态转型，准确把握转型时期的发展趋势，加快构建与经济、政治、文化建设相适应的新型和谐社会。

状元岙2017年居民人均可支配收入14 800元。污水处理率和垃圾处理率均达到100%。岛上淡水资源匮乏，有引水工程支持，引水自温州市文成县珊溪，引水路线为珊溪—灵昆岛—霓屿—元觉乡—状元岙，全岛集中无限时供水。该岛与霓屿、花岗岛为一个变压点，全岛无限时供电；岛上通信信号全覆盖，于元觉街道状元南片建有防潮等级在50年一遇及以上标准的海岛防灾减灾设施。岛上建有连陆桥隧，单向车道数为2条，出岛公交车单日最多38班次；单车运力66人；状元岙建有7个码头，其中包括 4 个客运码头，公共班船单日最多 7 班次，单船运力 98 人，进出岛不受潮汐影响。岛上农村社保卡三合一覆盖率超过 95%。

二、状元岙岛生态指数评价

状元岙岛 2017 年生态指数为 80.8，海岛生态系统稳定、完整，总体生态状况优，海岛保护与管理效果良好。

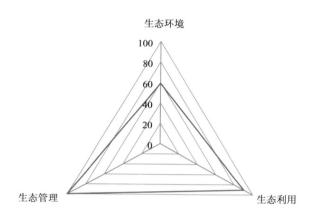

图 8.7-2　状元岙岛 2017 年生态指数评价

状元岙岛植被覆盖率低，但自然岸线保有率和周边海域水质等指标得分较高，海岛生态环境仍需保持。海岛岛陆建设强度不大，环境保护设施建设尚能满足需要，有利于保护海岛生态环境。已经制定并实施了海岛保护相关规划。2017 年海岛未发生违法用海、用岛行为，未发生重大生态损害事故。

三、状元岙岛发展指数评价

状元岙岛 2017 年发展指数为 93.1，在评估的 100 个有居民海岛中排名第 5。

在经济发展方面，状元岙岛人均可支配收入水平略低于沿海省份单位面积财政收入水平。在海岛生态环境方面，状元岙岛植被覆盖率、自然岸线保有率和周边海域水质得分较高，海岛生态环境总体良好。在社会民生方面，状元岙岛供电、供水等基础设施完备，陆岛交通便利，能完全满足陆岛出行需要；社会保障参保率高，但医疗卫生人员数不足。在文化建设方面，状元岙岛拥有小学、中学各 1 所，满足海岛教育需要；文化体育场地（馆）设施人均拥有量达到全国平均水平。在社区治理方面，规划管理、村规民约建设及社会治安满意度均表现良好。综合分析，状元岙岛在社区治理、文化建设、社会民生和生态环境等方面发展良好，在经济发展方面需提升。

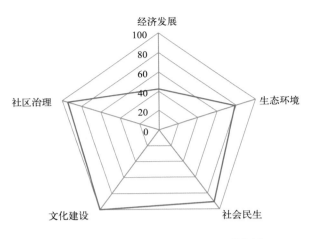

图 8.7-3　状元岙岛 2017 年发展指数评价

四、状元岙岛综合评价小结

随着温州洞头陆岛连通，元觉迎来了前所未有的发展机遇，乡党委、乡政府也顺势提出推进四大转型工程，建设现代化港口城镇。状元岙岛以港口物流岛定位，以集装箱和煤炭、石油等大宗散货运输、贸易、天然气接收和终端处理为主。状元岙岛在生态环境、社区治理、文化建设和社会民生等方面均有较大优势，经济发展尚待提升。制约海岛发展的主要因素是医疗卫生条件，此外，尚需保护海岛植被和自然岸线，合理开发海岛。

第八节　洞头岛生态指数与发展指数评价

一、海岛概况

洞头岛隶属于浙江省温州市洞头区，位于东海海域，属近岸海岛，是洞头县政府所在地，有居民海岛。岛上有 34 个行政村，120 个自然村；2017 年有常住人口 4 万人。清光绪《玉环厅志》中称岛西山脉为洞头山，与半屏之间水道为洞头门，岛南岙口称为洞头岙，岛名由此而来。

洞头岛面积 29.0 km²，岸线长 55.6 km，自然岸线保有率 67.1%，以基岩海岸为主，植被覆盖率为 44.8%。

洞头岛景点众多，有省级以上文物保护单位 2 处、省级以上非物质文化遗产 12 处（项），诸如妈祖祭典、道教音乐（洞头海岛道教音乐）等。洞头岛现有洞头区全域景区化概念规划、国家海洋公园、美丽乡村等相关规划对海岛进行科学规划管理。

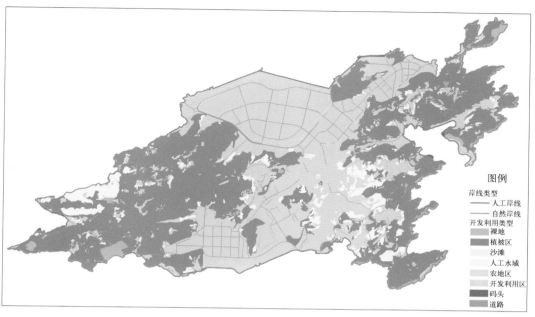

图 8.8-1 浙江洞头岛 2017 年岸线和开发利用类型

图例

岸线类型
—— 人工岸线
—— 自然岸线
开发利用类型
裸地
植被区
沙滩
人工水域
农地区
开发利用区
码头
道路

图 8.8-2 洞头岛风景

洞头岛基础设施建设完善，实现生活垃圾 100% 处理，岛上有淡水资源和饮水工程，实现无限时供电、供水，通信 100% 覆盖；海岛防灾减灾设施有 50 年一遇和 20 年一遇的防潮堤，能满足海岛防灾减灾需要。洞头岛对外交通设施完善，建有桥隧连陆和码头，进出港不受潮汐影响，基本能满足岛上民众出行。海岛文化建设健全，岛上有小学 6 所，中学 2 所，人均拥有公共文化体育设施面积远超出沿海省（自治区、直辖市）平均水平。海岛社会医疗保障方面，有人民医院 1 家，社区卫生服务中心 2 家，社区卫生服务站 7 家，村卫生室 9 家，基本能满足海岛医疗需求；农村社保卡覆盖率超过 90%，社会保障体系完善。海岛所获得省级以上的荣誉称号有"全国文明村""国家级生态乡镇""国家级海洋牧场建设示范区""国家级十大美丽海岛保护区""国家级生态保护与建设示范区"等。

二、洞头岛生态指数评价

洞头岛 2017 年生态指数为 71.9，海岛生态系统较稳定，总体生态状况良，海岛保护与管理效果较好。

洞头岛植被覆盖率、自然岸线保有率和周边海域水质等指标得分较高，海岛生态环境保持良好。海岛岛陆建设强度较大，环境保护设施建设未能满足需要，污水处理率尚不能满足需求，对海岛生态环境具有较大的影响。生态管理方面，制定了洞头区全域景区化概念规划，并已开展实施。2017 年海岛未发生违法用海、用岛行为，未发生重大生态损害事故。

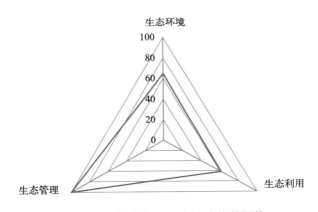

图 8.8-3　洞头岛 2017 年生态指数评价

三、洞头岛发展指数评价

洞头岛 2017 年发展指数为 92.6，在评估的 100 个有居民海岛中排名第 6。

在经济发展方面，洞头岛人均可支配收入水平略低于沿海省（自治区、直辖市）单位面积财政收入水平。在社会民生方面，洞头岛供电、供水等基础设施完备，陆岛交通便利，能完全满足陆岛出行需要；社会保障参保率高，医疗卫生人员数充足。在文化建设方面，洞头岛拥有小学 6 所、中学 2 所，满足海岛教育需要；文化体育场地（馆）设施人均拥有量超过全国平均水平。在社区治理方面，规划管理、村规民约建设及社会治安满意度均表现良好。综合分析，洞头岛在社会民生、文化建设和社区治理方面发展良好，但经济发展尚待提升。

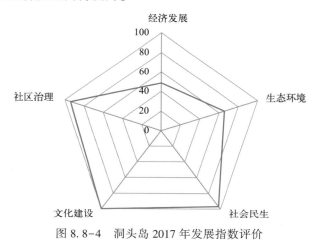

图 8.8-4　洞头岛 2017 年发展指数评价

四、洞头岛综合评价小结

洞头岛以综合利用岛定位，重点发展滨海旅游经济、城市服务经济、现代渔业经济和清洁能源中转储运。滨海旅游重点发展海岸观光、海上运动、休闲度假城市；服务重点发展商务办公、科教研发、生活居住；现代渔业重点发展渔船避风、水产贸易、加工制造、休闲渔业；与此同时，需注重海岛污水处理设施和海岛生态环境保护。洞头岛在社区治理、文化建设和社会民生等方面具有较大优势，但经济发展水平和生态环境尚待提升。

第九节　灵昆岛生态指数与发展指数评价

一、海岛概况

灵昆岛隶属于浙江省温州市洞头区，位于东海海域，属乡镇级有居民海岛，灵昆街道所在地。岛上有 9 个行政村，39 个自然村，2017 年有户籍人口 2 万余人。灵昆岛面积 45.6 km²，岸线长 33.3 km，全部为人工岸线，植被覆盖率 3.1%。

灵昆岛 2017 年居民人均可支配收入 33 361 元。目前，灵昆岛实现生活垃圾 100%处理，污水 100%处理。全岛无限时供电，通信 100%覆盖；灵昆岛主要淡水资源为河流和地下水，并且有引水工程支持供水，全岛集中无限时供水。海岛四周建有长度1.9 km、防潮等级在50年一遇及以上标准的防潮堤。有灵昆大桥、南口大桥和甬莞高速，与大陆龙湾区相连。灵昆岛有医院1所，卫生所6所，医疗保险和养老保险覆盖率均为100%。灵昆岛所获得省级以上的荣誉称号有："浙江省绿色小城镇""全国环境优美乡镇""浙江省文蛤之乡""浙江省教育城镇"。在规划管理方面，灵昆岛制定了《温州市灵昆岛控规》对海岛进行科学管理和规划。

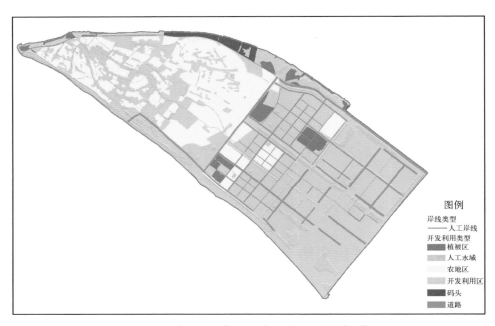

图8.9-1　浙江灵昆岛2017年岸线和开发利用类型

二、灵昆岛生态指数评价

灵昆岛2017年生态指数为58.7，海岛生态状况中，海岛保护与管理有一定效果。

灵昆岛植被覆盖率低，自然岸线保有率为0，海岛岛陆建设强度较大，对海岛生态指数产生较大负面影响，但周边海域水质较好，海岛垃圾和污水处理率高，且制定了相关规划对海岛进行精细化管理。2017年海岛未发生违法用海、用岛行为，未发生重大生态损害事故。

三、灵昆岛发展指数评价

灵昆岛2017年发展指数为90.9，在评估的100个有居民海岛中排名第11。

在经济发展方面，灵昆岛的财政收入水平和人均可支配收入水平略低于沿海省（自治区、直辖市）平均水平。在海岛生态环境方面，灵昆岛植被覆盖率、自然岸线保有率得分较低，海岛生态环境总体一般。在社会民生方面，灵昆岛供电、供水等基础设施

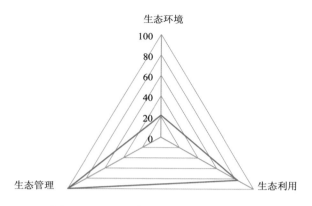

图 8.9-2　灵昆岛 2017 年生态指数评价

完备，陆岛交通便利，能完全满足陆岛出行需要；社会保障参保率高，医疗卫生人员数充足。在文化建设方面，灵昆岛现有小学 2 所、中学 1 所，满足海岛教育需要；文化体育场地(馆)设施人均拥有量达到全国平均水平。在社区治理方面，规划管理、村规民约建设及社会治安满意度均表现良好。综合分析，灵昆岛在生态环境建设和经济发展方面尚待提升，其他方面发展良好。

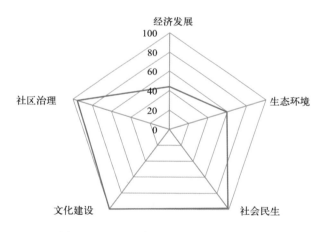

图 8.9-3　灵昆岛 2017 年发展指数评价

四、灵昆岛综合评价小结

灵昆岛以综合利用岛定位。海岛充分利用独特的区位优势，以生态宜居功能为主导，建设集旅游休闲度假功能、生态农业观光功能为一体的"旅游休闲岛、生态宜居岛"和时尚新市镇。在社区治理、文化建设和社会民生方面具有较大优势，但需控制海岛建设强度，提高植被覆盖率和自然岸线保有率，提升海岛生态环境。

第九章

福建省典型海岛生态指数和发展指数评估专题报告

第一节　火烧屿生态指数评价

一、海岛概况

火烧屿隶属于福建省厦门市海沧区，竖卧海沧大桥腹下，属于沿岸海岛，为已开发无居民海岛，岛上现建娱乐、交通运输和水电设施。因岛上岩石多呈褐色，形似火烧状，故称"火烧屿"。

图 9.1-1　福建火烧屿 2017 年岸线和开发利用类型

火烧屿面积 33.2 hm²，岛屿南北长约 940 m，东西宽约 400 m，岸线长 2.5 km，以基岩海岸为主，砂质海岸、淤泥质海岸和人工岸线均有分布，植被较为茂密，覆盖率为 59.0%。海岛地貌为侵蚀低丘，岛东、南侧海蚀地貌发育。岛上主要出露的变质沉积岩和部分火山沉积岩组成的色彩斑斓的地层剖面，加上褶皱构造和断裂构造形迹显著，以"海上地学博物馆"著称，其侏罗纪陆源碎屑沉积岩是重要保护的自然遗迹。

火烧屿有《厦门火烧屿详细规划》，并已实施。曾由厦门市路桥公司开发为生态旅游岛，建有火烧屿生态乐园和烧烤营地、旅游小木屋，现多废弃不用；西北侧建有厦门市青少年科技馆和游乐广场，2001 年开始对外开放，现已停用；西侧建有户外拓展基地。火烧屿实现生活垃圾和污水 100%处理，通信 100%覆盖。岛上无淡水资源，岛的东南部建有一座高压输电线铁塔，岛上水电均引自厦门岛上，无限时供水供电。

岛的西南侧有 2 个简易码头，进出港不受潮汐影响；火烧屿的西北角为登岛码头；东南侧有一公务码头，基岩岸线，附近立有"海豚救渔姑"雕塑。岛南部的围塘目前在建中华白海豚繁育基地；东南部修建有福建省水生野生动物厦门救护中心及厦门濒危物种保护中心。

图 9.1-2　火烧屿一角

图 9.1-3　火烧屿红树林

二、火烧屿生态指数评价

火烧屿 2017 年生态指数为 93.1，海岛生态系统状况稳定、完整，生态状况优，海岛保护与管理效果良好。

在生态环境方面，火烧屿植被覆盖率、自然岸线保有率和周边海域水质等指标得分较高，海岛生态环境保持良好。在生态利用方面，海岛岛陆建设强度较小，环境保护设施完备，污水处理率和垃圾处理率均能满足需求。在海岛生态管理方面，积极开展和推进海岛生态保护，实施海岛单岛规划，对岛上的自然景观、历史遗迹采取了较为有效的保护措施。2017 年海岛未发生违法用海、用岛行为，未发生重大生态损害事故。

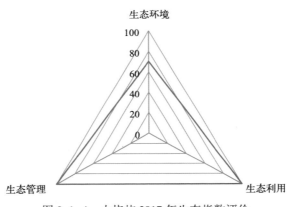

图 9.1-4　火烧屿 2017 年生态指数评价

第二节　吾屿生态指数评价

一、海岛概况

吾屿隶属于福建省厦门市海沧区，位于东海海域，属沿岸未开发无居民海岛。《福建省海域地名志》(1991 年)中称为红屿，因颜色得名。《厦门市地名志》(2001 年)中记载，据传以前在岛屿附近常出现鳌，又因岛形状似鳌，故名"鳌屿"，闽南方言"鳌"与"吾"音近，改为"吾屿"。

吾屿面积 1.0 hm²，岸线长 0.5 km，全为自然岸线，以基岩海岸为主，植被覆盖率为 76.5%，主要有以相思树、木麻黄为主的乔木和以龙舌兰为主的灌木，以及白茅等草本植物。吾屿呈不规则长条形，南北走向，由花岗岩组成。岛缘东、西、北侧海蚀地貌发育，尤其岛东侧海蚀洞最为突出。吾屿被列入《福建省海岛保护规划》中，位于排头港口规划区域内。海岛南部有废弃养殖池和石砌屋。

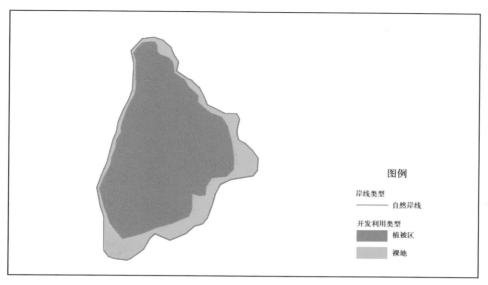

图 9.2-1　福建吾屿 2017 年岸线和开发利用类型

图 9.2-2　吾屿一角

二、吾屿生态指数评价

吾屿 2017 年生态指数为 103.3，海岛生态系统稳定、完整，生态状况优，海岛保护与管理效果良好。

吾屿植被覆盖率、自然岸线保有率和周边海域水质等指标得分高，海岛生态环境保持良好。在生态利用方面，岛陆建设用地面积小，污水处理率和垃圾处理率都达到

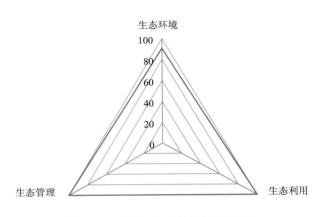

生态环境

生态管理   生态利用

图 9.2-3   吾屿 2017 年生态指数评价

100%。在生态保护方面，制定相应海岛保护规划，对岛上的自然景观、历史遗迹采取了较为有效的保护措施。2017 年海岛未发生违法用海、用岛行为，未发生重大生态损害事故。

第三节　鼓浪屿生态指数与发展指数评价

一、海岛概况

　　鼓浪屿隶属于福建省厦门市思明区，位于东海海域，属沿岸有居民海岛。鼓浪屿下辖 2 个行政村，2017 年年末有常住人口 1 万余人。鼓浪屿曾名"圆沙洲""圆洲仔""五龙屿"，因岛西南方海滩上有一块两米多高、中有洞穴的礁石，每当涨潮水涌，浪击礁石，声似播鼓，人们称"鼓浪石"，明代改称"鼓浪屿"至今。

　　鼓浪屿面积 2.0 km²，岸线长 8.2 km，以基岩海岸和人工岸线为主，砂质海岸和淤泥质海岸均有分布，植被覆盖率为 30.0%。岛略呈椭圆形，东西长约 7.75 km，南北宽约 1.6 km，处于新华夏系长乐至诏安断裂带，经长期侵蚀、剥蚀、风化作用形成，由花岗岩组成。鼓浪屿主要以开发旅游为主，是"国家 AAAAA 级旅游景区"及全国重点文物保护单位，2017 年 7 月被列入世界遗产名录，成为中国第 52 项世界遗产项目。岛上拥有钢琴的密度之高为国内少见，素有"音乐岛"之称。岛上建有清朝时期多国领事馆等历史古迹，列入国家级文物保护单位的近代建筑群共 20 处 28 栋（另有 2 栋为保护范围内建筑），其中涉及遗产要素点 19 处、重点保护风貌建筑 28 栋、一般保护风貌建筑 2 栋。2013 年列入第八批省级文物保护单位的有 12 处，其中涉及遗产要素点 10 处、重点保护风貌建筑 5 栋、一般保护风貌建筑 4 栋。岛上的古树名木数量达到 189 棵。

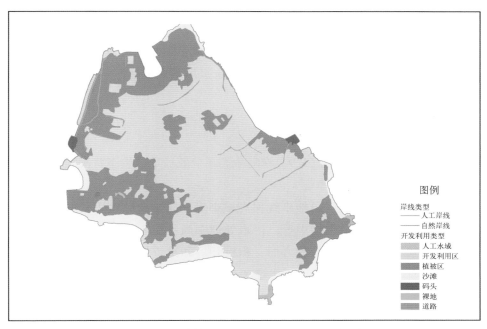

图 9.3-1 福建鼓浪屿 2017 年岸线和开发利用类型

图 9.3-2 鼓浪屿一角

鼓浪屿充分发挥其旅游产业和规模优势,制定了《厦门市鼓浪屿发展概念规划》《鼓浪屿控制性详细规划》及《鼓浪屿文化遗产地保护管理规划》等单岛规划。2017 年旅游业总收入 4.7 亿元,全年接待游客量 1 003.62 万人次。岛上污水未进行处理,垃圾则全部外运,日产日清。主要的淡水资源为地下水,饮水工程规模约 3 000 t/d。岛上共有码头6座,通过交通班船往返厦门主岛,进出港受潮汐影响,公共班船单日最多94班次,单船运力为800人,其中有12班次的单船运力为500人。有医院1所,执业医生24人,医护人员29人。医疗保险和养老保险覆盖率均为100%,社会保障体系完善。鼓浪屿还拥有"全国文明风景旅游区""国家级风景名胜区""全国重点文物保护单位"及"欧洲人最喜欢的中国景区"等海岛品牌。

二、鼓浪屿生态指数评价

鼓浪屿2017年生态指数为65.9,海岛生态系统较稳定,生态状况良,海岛保护与管理效果较好。

鼓浪屿植被覆盖率较低、自然岸线保有率中等,周边海域水质较好,海岛生态环境尚需保持。海岛岛陆建设强度中等,污水处理率尚不能满足需求,对海岛生态环境具有较大的影响。在海岛生态管理方面,积极开展和推进海岛生态保护,并制定实施了海岛规划,对岛上的自然景观、历史遗迹采取了较为有效的保护措施。2017年海岛未发生违法用海、用岛行为,未发生重大生态损害事故。

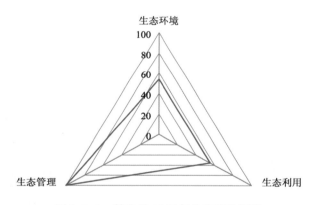

图9.3-3 鼓浪屿2017年生态指数评价

三、鼓浪屿发展指数评价

鼓浪屿2017年发展指数为95.7,在评估的100个有居民海岛中排名第1。

在经济发展方面,鼓浪屿的财政收入水平和人均可支配收入水平高于沿海省(自治区、直辖市)平均水平。在生态环境方面,鼓浪屿植被覆盖率较低,污水处理率不能满足岛上需求,这对岛上环境有较大影响。在社会民生方面,鼓浪屿供电、供水等基础设施完备,陆岛交通便利,能完全满足陆岛出行需要;社会保障参保率高,但医疗卫生人员数不足。在文化建设方面,鼓浪屿拥有小学2所,中学2所,满足海岛教育需要;文化体育场地(馆)设施人均拥有量略低于全国平均水平。在社

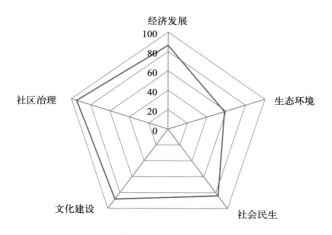

图 9.3-4　鼓浪屿 2017 年发展指数评价

区治理方面，规划管理、村规民约建设及社会治安满意度均表现良好。综合分析，鼓浪屿在经济发展、社会民生、文化建设和社区治理方面发展良好，生态环境尚可提升。

四、鼓浪屿综合评价小结

　　鼓浪屿在海岛保护与发展过程中的经验与做法有以下几点：①科学规划。从 1985 年到 2017 年，先后制定了《鼓浪屿–万石山风景名胜区总体规划》《历史风貌建筑保护规划》《文化遗产地保护管理规划》《旅游发展总体规划》及《商业网点规划》等，从宏观控制到行业规范都细化要求，为鼓浪屿推进全方位的保护管理奠定基础。②完善立法。从 2000 年起，厦门市先后颁布《鼓浪屿文化遗产保护条例》《鼓浪屿历史风貌建筑保护条例》，针对文化遗产核心要素、家庭旅馆、建设活动等具体领域和重点问题进行立法，出台了 20 多部规范性文件，这些法规为岛上建设、改造和行业发展制定了规范，形成了更加完善的法律法规体系。③精细保护。④综合治理。鼓浪屿设立了综合管理中心，发挥了联动管理督查督办的优势。完善鼓浪屿行政执法队伍、综合巡查队伍、监测巡查队伍等多支力量的整合联动，形成有效的问题发现、处置和反馈机制。⑤传承文脉。成立了"鼓浪屿国际研究中心"，出版了一系列专业书籍；实施"全岛博物馆"计划；持续举办国际性文化活动，打造了名人、音乐、美术、体育和诗歌等多张主题文化名片。

　　鼓浪屿在经济发展方面具有较大优势，民生服务和文化建设、环保和交通基础设施方面表现良好，但生态环境有待改善。制约海岛发展的主要因素是海岛污水处理设施尚不能满足需要，医疗设施需继续加强。此外，尚需要控制海岛建设强度，保护海岛植被和自然岸线。

第四节　大嶝岛生态指数与发展指数评价

一、海岛概况

大嶝岛隶属于福建省厦门市翔安区，位于东海海域，属沿岸乡镇级有居民海岛，是嶝岛群岛中最大的一个岛屿，也是厦门最大的卫星岛。大嶝岛下辖 8 个行政村，18 个自然村，2017 年年末有常住人口 2 万余人。《福建省海域地名志》(1991 年) 及《厦门市地名志》(2001 年) 中均有记载，从金门海面看大陆，此岛似一大台阶，故名大嶝岛。

大嶝岛面积 21.8 km²，岸线长 28.2 km，基岩海岸、砂质海岸和淤泥质海岸均有分布，植被覆盖率为 6.9%。拥有东南沿海最纯净海域，水质、空气质量符合国家环境一级标准，素有"天然氧吧"的美称，是国家白鹭自然保护区、文昌鱼自然保护区及中华白海豚自然保护区所在区域。主要景点有大嶝对台小额商品交易市场、英雄三岛战地观光园及金门县政府总部旧址等。

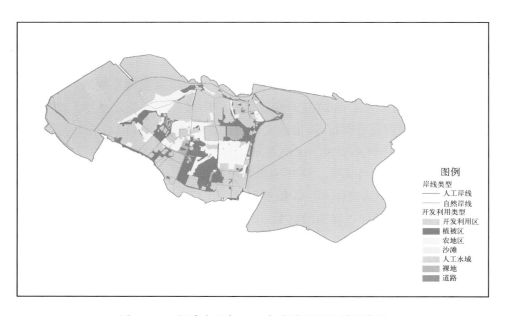

图 9.4-1　福建大嶝岛 2017 年岸线和开发利用类型

大嶝岛以直航为契机，发展对台、对金商贸旅游优势，加大资金投入，逐步完善基础设施建设，以旅游带商贸，以商贸促旅游，旅游商贸协调发展，形成特色商贸旅游区。大嶝岛 2017 年居民人均可支配收入 15 450 元。全岛道路四通八达。宽阔平坦的环岛路沿着绵延 16 km 的海岸线盘旋，并以此为主干串起了各村落间的水泥道路，形成了镇、村纵横交错的交通网络。全镇各村主要干道都已安装路灯。卫生管理日趋规范，生活垃圾及污水实现 100% 处理，成立了卫生管理所以及 10 支专业保洁队伍，建设了标准化公厕 8 座，配置 120 个保洁箱和 25 对分类垃圾箱，形成城镇化卫生管理网络。水电供应完备，通信 100% 覆盖，在全市率先获得"电话明星镇"称号。大嶝岛淡水资源比较缺乏，早期以饮用地下井水为主，1999 年建有引水工程，目前引水规模为日均 5 500 t。建有大嶝大桥长 931 m，连接大嶝岛与翔安半岛。出岛公交车单日最多 84 班次。有码头 1 座，进出港受潮汐影响，主要往来小嶝岛，单日最多 14 班次。有小学 3 所，中学 1 所。有医院 1 所，卫生所 6 所，医疗保险和养老保险覆盖率近 100%，社会保障体系完善。大嶝岛先后被授予"全国村镇建设先进镇"、福建省"新农村建设先进镇""园林式乡镇""省级卫生镇"等荣誉称号。此外，大嶝岛于 1958 年的"八二三"炮战中被国务院、中央军委授予"英雄三岛"称号，如今它已成为中国名镇，入编中华人民共和国民政部《中国名镇》目录。

图 9.4-2　大嶝岛金门县政府旧址

二、大嶝岛生态指数评价

大嶝岛 2017 年生态指数为 56.3，生态状况中，海岛保护与管理有一定效果。

大嶝岛植被覆盖率、自然岸线保有率较低，周边海域水质优良，总体上海岛生态环境分指数较低。海岛岛陆建设强度中等，污水处理和垃圾处理尚能满足需求，对海岛生态环境较友好。在海岛生态管理方面，积极开展和推进海岛生态保护，并制定实施了乡级规划。2017 年海岛未发生违法用海、用岛行为，未发生重大生态损害事故。

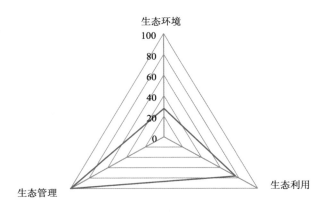

图 9.4-3　大嶝岛 2017 年生态指数评价

三、大嶝岛发展指数评价

大嶝岛 2017 年发展指数为 75.7，在评估的 100 个有居民海岛中排名第 43。

在经济发展方面，大嶝岛的财政收入水平和人均可支配收入水平略低于沿海省（自治区、直辖市）平均水平。生态环境方面，大嶝岛植被覆盖率及自然岸线保有率低，海岛生态保护力度仍需加强。在社会民生方面，大嶝岛供电、供水等基础设施完备，陆岛交通便利，尚能满足陆岛出行需要；社会保障参保率高，但医疗卫生人员数不足。在文化建设方面，大嶝岛拥有小学 3 所，中学 1 所，满足海岛教育需要；文化体育场地（馆）设施人均拥有量达到全国平均水平。在社区治理方面，规划管理、村规民约建设及社会治安满意度均表现良好。综合分析，大嶝岛在社会民生、文化建设和社区治理方面发展良好，但在经济发展和生态环境方面较为欠缺。

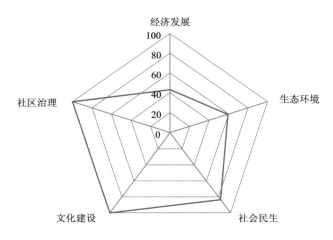

图 9.4-4　大嶝岛 2017 年发展指数评价

四、大嵝岛综合评价小结

大嵝岛一方面加快"英雄三岛战地观光园"等战地旅游设施建设，另一方面开辟了"游三岛、登白哈、看金门"的旅游航线，同时着力提高全国唯一"对台小额商品交易市场"的档次，以促进两岸合作交流为宗旨，形成以经营"金门三宝"等台湾商品为主的特色市场，打造成集商贸、旅游、休闲、购物于一体的独具对台特色的商贸旅游综合体、台湾民生消费品集散中心，发展成为跨越海峡的经贸金桥。

大嵝岛在社会民生、文化建设和交通基础设施方面具有优势，但经济发展、生态环境方面需要提升，医疗设施需继续加强。此外，尚需控制海岛建设强度，保护海岛植被和自然岸线。

第五节 大练岛生态指数与发展指数评价

一、海岛概况

大练岛隶属于福建省平潭综合实验区，在海坛岛苏澳镇西北，属于沿岸海岛，是大练乡政府所在地，乡镇级有居民海岛。大练乡下辖 9 个行政村，22 个自然村，2017 年年末有常住人口 3 000 余人。该岛附近水道浪花如白练翻滚，且本岛面积较大，故得名大练岛。

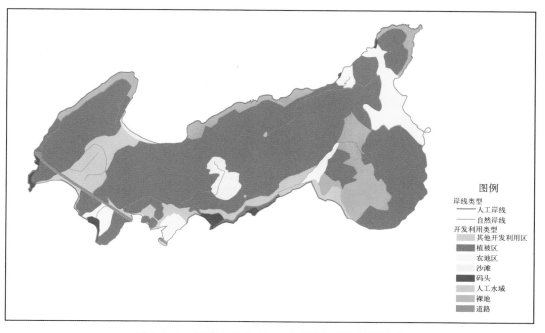

图 9.5-1 福建大练岛 2017 年岸线和开发利用类型

大练岛面积 9.9 km²，岸线长 21.9 km，以基岩海岸为主，砂质海岸也有分布，植被覆盖率为 66.9%。大练岛东北角月举村后的海边礁石区多怪石，西北角渔限村有沙滩可供游玩。

大练岛在《福建省海岛保护规划》中属于重点开发类。在开发利用中，应注意合理利用土地资源，严格限制利用林地，保护沙滩资源和淡水资源，减少污染物排放。大练岛 2017 年居民人均可支配收入 8 760 元。目前，大练岛生活垃圾处理率和污水处理率均未达到 100%。全岛通过海底电缆集中供电，通信 100% 覆盖；大练岛主要水源来自地下水，居民用水主要来源自家井水和村里统一打井。岛上有公路连通各村，通过交通班船往返大陆及通航小练岛等，每天公共班船最多 8 班次。现有小学 3 所，中学 1 所。有医院 1 所，卫生所 1 所，医疗保险覆盖率和养老保险覆盖率近 80%；有公共文化体育设施 2 519 m²。岛上有东礁和鱼限两处历史人文遗迹，月举村被评为福建省"美丽乡村"。

二、大练岛生态指数评价

大练岛 2017 年生态指数为 72.7，生态状况良，生态系统稳定。

大练岛植被覆盖率、周边海域水质和岛陆建设用地面积比例等指标得分较高，海岛生态环境保持良好。岛屿环境保护设施建设未能满足需要，污水处理率和垃圾处理率尚不能满足需求，对海岛生态环境具有较大的影响。在海岛生态管理方面，并未制定乡级规划。在特色保护方面，对岛上的自然景观、历史遗迹采取了有效保护措施。2017 年海岛未发生违法用海、用岛行为，未发生重大生态损害事故。

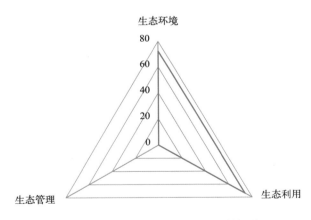

图 9.5-2　大练岛 2017 年生态指数评价

三、大练岛发展指数评价

大练岛 2017 年发展指数为 58.5，在评估的 100 个有居民海岛中排名第 75。

在经济发展方面，大练岛的财政收入水平低，人均可支配收入水平一般。在海岛生态环境方面，大练岛植被覆盖率、自然岸线保有率、岛陆建设用地面积比例和周边海域水质得分较高，海岛生态环境总体良好；但污水处理率和垃圾处理率得分偏低，尚不满足岛屿发展要求。在社会民生方面，大练岛淡水资源匮乏，无饮水工程，且陆岛交通方式仅有班船，尚不能完全满足陆岛出行需要；社会保障参保率较低，医疗卫生人员数不足。在文化建设方面，大练岛拥有小学 3 所，中学 1 所，满足海岛教育需要；文化体育场地(馆)设施人均拥有量远低于全国平均水平。在社区治理方面，缺乏规划管理，岛上设有警务室维持社会治安，村规民约建设表现良好。大练岛自然和历史人文遗迹保护较为出色。综合分析，大练岛在经济发展、公共交通、垃圾及污水处理、海岛规划管理方面尚待提升，文化建设方面较好。

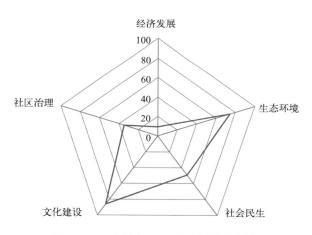

图 9.5-3　大练岛 2017 年发展指数评价

四、大练岛综合评价小结

大练岛在经济发展和社区治理方面发展薄弱，有待提升。海岛植被覆盖率、自然岸线保有率、海水水质等方面表现良好，但海岛污水和垃圾处理设施方面尚不能满足需要，社会保障方面仍需加强，陆岛交通方式单一、受天气影响显著，公共文化体育设施尚不足以满足海岛居民需求。

第六节 浒茂洲生态指数与发展指数评价

一、海岛概况

浒茂洲隶属于福建省漳州市龙海市紫泥镇，位于东海海域，属于近岸海岛，乡镇级有居民海岛。浒茂洲有 8 个行政村，18 个自然村。2017 年有常住人口近 4 万人。浒茂洲位于九龙江口红树林甘文片区省级海洋保护区内，岛上有庵前城门、林秉祥故居等历史人文遗迹。

浒茂洲面积 29.3 km²，岸线长 39.2 km，以泥沙海岸和淤泥质海岸为主，植被覆盖率 0.4%。浒茂洲地层为第四系堆积层，自上而下有全新统、上更新统，成因类型有冲洪积、冲海积及海积等。

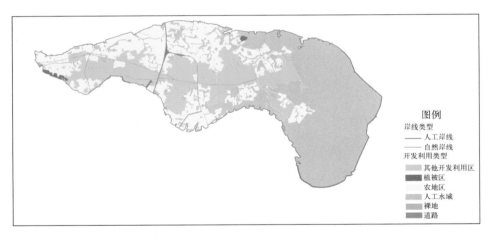

图 9.6-1　福建浒茂洲 2017 年岸线和开发利用类型

浒茂洲充分利用自然优势，重点发展农业，带动其他产业的发展。2017 年居民人均可支配收入 14 980 元。目前，浒茂洲生活垃圾处理率和污水处理率均未达到 100%，有中水回用工程 1 处。岛上通信 100% 覆盖，集中无限时供水供电，淡水资源以江、河为主。通过交通班船往返大陆，每天班车 16 班次。现有小学 8 所，中学 1 所。岛上有 1 所医院，卫生所 30 所。养老保险和医疗保险覆盖率均超过 90%，社会保障体系完善。建成了图书馆、体育馆、公园等公共文化体育设施。浒茂洲以农业为主，是闽南地区著名的鱼米之乡，水产、禽畜、食用菌、蔬菜、粮食是紫泥镇海岛（浒茂洲、乌礁）的五大特色。该岛获得 2015—2017 年度"省级文明村"称号。

二、浒茂洲生态指数评价

浒茂洲 2017 年生态指数为 72.2，生态状况良，生态系统较稳定，海岛保护与管理效果较好。

浒茂洲植被覆盖率低，对生态环境有较大的影响，自然岸线保有率和周边海域水质等指标得分较高。岛陆建设强度较低，生态利用分指数较高。在生态管理方面，制定了海岛规划管理，但目前尚未开始实施。对岛上的自然景观、历史遗迹采取了较为有效的保护措施。2017 年海岛未发生违法用海、用岛行为，未发生重大生态损害事故。

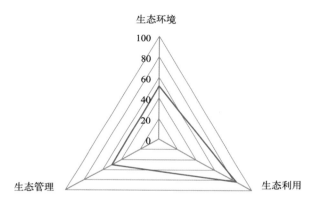

图 9.6-2　浒茂洲 2017 年生态指数评价

三、浒茂洲发展指数评价

浒茂洲 2017 年发展指数为 76.6，在评估的 100 个有居民海岛中排名第 39。

在经济发展方面，浒茂洲的财政收入水平和人均可支配收入水平低于沿海省(自治区、直辖市)平均水平。在生态环境方面，植被覆盖率是影响生态发展的主要制约因素，其次为污水处理率，其他方面表现良好。在社会民生方面，浒茂洲供电、供水等基础设施完备，陆岛交通方式单一，但基本能满足陆岛出行需要；社会保障参保率高，但医疗卫生人员数不足。在文化建设方面，浒茂洲拥有小学 8 所，中学 1 所，满足海岛教育需要；文化体育场地(馆)设施人均拥有量达到全国平均水平。在社区治理方面，村规民约建设表现较好，但规划管理和社会治安满意度都有待提高。综合分析，浒茂洲在文化建设方面具有一定优势，但社会民生、生态环境和社区治理水平尚需要提高，海岛经济发展亟待加强。

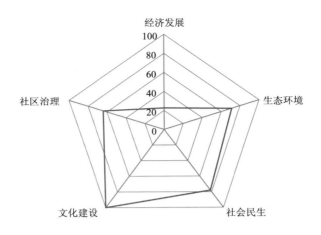

图 9.6-3　浔茂洲 2017 年发展指数评价

四、浔茂洲综合评价小结

　　浔茂洲以农业为主，是闽南地区著名的鱼米之乡，浔茂洲全镇经济社会平稳健康发展，进一步完善基础设施、促进产业转型、建设宜居环境和增强民生福祉，努力建成道路宽敞、水清河畅、环境宜居、群众安居乐业的"新紫泥镇"。浔茂洲在文化建设方面具有较大优势，海岛植被覆盖率、医疗及配套设施需继续加强。此外，尚需要控制海岛建设强度。

第七节　鸡心屿生态指数评价

一、海岛概况

　　鸡心屿隶属于福建省漳州市东山县，为近岸海岛，已开发无居民海岛，岛上建有航标灯，为过往船只导航定位。《东山县城乡地名全录》中记载：该屿从南面远望，状似鸡心，故称鸡心屿。

　　鸡心屿面积 1.2 hm²，岸线长 0.6 km，全部为自然岸线，以基岩海岸为主，无植被覆盖。该岛位于东山珊瑚省级自然保护区内，保护区面积合计 3 630 km²，其中核心区 1 498 km²，缓冲区 1 073 km²，实验区 1 059 km²。东山的造礁珊瑚是典型的北缘分布区的珊瑚类型，具有重要的保护价值。

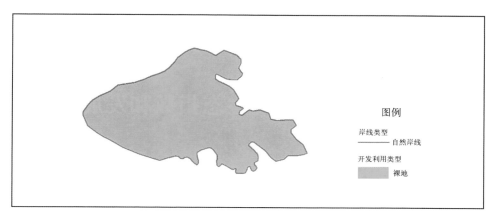

图 9.7-1　福建鸡心屿 2017 年岸线和开发利用类型

二、鸡心屿生态指数评价

　　鸡心屿 2017 年生态指数为 78.0，生态状况良，生态系统状况较稳定，海岛保护与管理效果较好。

　　在生态环境方面，鸡心屿无植被覆盖，自然岸线保有率和周边海域水质等指标得分较高。在生态利用方面，海岛开发利用强度低，海岛基本保持原生态。在海岛生态管理方面，没有制定相应的海岛保护规划，但对海岛周边重要生态系统采取了有效保护措施。2017 年海岛未发生违法用海、用岛行为，未发生重大生态损害事故。

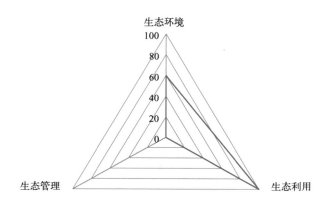

图 9.7-2　鸡心屿 2017 年生态指数评价

第十章

广东省典型海岛生态指数和发展指数评估专题报告

第一节　海山岛生态指数与发展指数评价

一、海岛概况

海山岛隶属于广东省潮州市饶平县，与南澳岛隔海相望，是乡镇级有居民海岛。海山岛为海山乡人民政府所在地，辖17个村。截至2017年年底，海山岛有常住人口近7万人。该岛属丘陵山地，四周是海，故名海山岛。

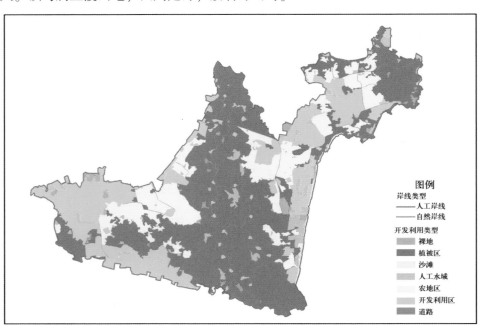

图 10.1-1　海山岛 2017 年岸线和开发利用类型

海山岛面积 23.7 km²，岸线长 41.6 km，以人工岸线为主，植被覆盖率 51.6%。岛上的广东饶平海山海滩岩田省级自然保护区成立于 1997 年，2001 年经广东省人民政府批准为省级自然保护区。海滩岩田是岛内一处珍贵的地质资源，此处岩田分布广，裸露处长约 4 000 m，宽 400～500 m，成岩时间在 5 000 年以前，其规模之大，形成时间之久远，居中国国内之最，堪称"中华一绝"，对古生物学、沉积学、古气候变迁以及地质升降运动等方面研究具有极高的科研价值和观赏价值。

2017 年海山岛实现农林牧渔业总产值 7.4 亿元，以渔业为主；旅游业总收入 22 万元。全岛实现了集中无限时供电供水，通信全覆盖；岛上有桥隧连陆，双向四车道，出岛公交车单日最多 32 班次，单车运力 22 人。目前，海岛垃圾和污水处理等环保设施建设不足，处理率尚未达到 100%。岛上有小学 14 所，中学 4 所，医院 1 所，卫生所 28 处，共有医务人员 82 人，公共文化体育场所面积 56 156 m²。

二、海山岛生态指数评价

海山岛 2017 年生态指数为 42.8，总体生态状况差。

海山岛植被覆盖率得分较高，但周边海域水质和自然岸线保有率得分均较低，生态环境本底情况较差。在生态利用方面，岛陆建设用地面积比例得分较高，污水和垃圾处理率得分较低。在海岛生态管理方面，已编制并执行海山镇总体规划。2017 年海岛未发生违法用海、用岛行为，未发生重大生态损害事故。

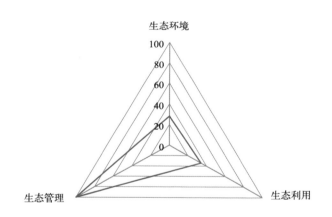

图 10.1-2　海山岛 2017 年生态指数评价

三、海山岛发展指数评价

海山岛 2017 年发展指数为 61.8，在评估的 100 个有居民海岛中排名第 69。

在经济发展方面，海山岛的单位面积财政收入和居民人均可支配收入远低于沿海省（自治区、直辖市）平均水平，经济实力弱。在海岛生态环境方面，自然岸线保有率、周边海域水质和污水、垃圾处理率得分较低，海岛生态环境状况差，环境保护亟待提升。在社会民生方面，海山岛供电、供水、海岛交通等基础设施以及防灾减灾设施较为完备，农村社保卡三合一覆盖率达 92%，社会保障水平较高，但岛上医护人员数不足。在文化建设方面，海山岛教育条件较好，但人均拥有公共文化体育设施面积低于全国平均水平。在社区治理方面，规划管理、村规民约建设及社会治安满意度均表现较好。综合分析，海山岛经济发展和生态环境亟待发展和提升，社会民生、文化建设和社区治理尚好。

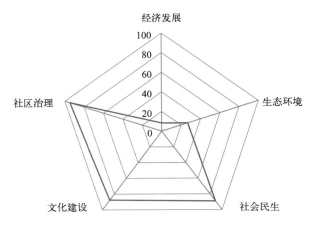

图 10.1-3　海山岛 2017 年发展指数评价

四、海山岛综合评价小结

海山岛生态指数和发展指数评分均较低，生态环境较差、经济发展较弱是制约海岛发展的最主要因素。其中，周边海域水质、自然岸线保有率、单位面积财政收入和居民人均可支配收入得分均较低，亟待改善。

第二节　骑鳌岛生态指数与发展指数评价

一、海岛概况

骑鳌岛隶属于广东省阳江市高新区，属陆连海岛，村级有居民海岛。骑鳌岛下辖 1 个行政村，5 个自然村，截至 2017 年年末，岛上有常住人口近 3 000 人。骑鳌岛面积 1.5 km²，岸线长 6.4 km，植被覆盖率为 59.6%。

骑鳌岛是传统渔业海岛，已划入阳江市高新区。2017 年居民人均可支配收入 15 300 元。海岛由大陆供水、供电，通信实现各运营商全覆盖，有桥与大陆连接，双向四车道，污水和垃圾处理率为 100%。

图 10.2-1　骑鳌岛 2017 年岸线和开发利用类型

二、骑鳌岛生态指数评价

骑鳌岛 2017 年生态指数为 71.7，总体生态状况良。

骑鳌岛植被覆盖率高，自然岸线人工化比例高，海岛周边海域水质状况较好，海岛生态环境本底情况较好。海岛岛陆建设强度不高，垃圾和污水处理率为 100%，海岛利用方面良好。但骑鳌岛没有编制海岛保护与利用规划，海岛管理有待加强。2017 年海岛未发生违法用海、用岛行为，未发生重大生态损害事故。

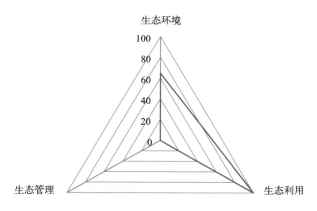

图 10.2-2　骑鳌岛 2017 年生态指数评价

三、骑鳌岛发展指数评价

骑鳌岛 2017 年发展指数为 58.8，在评估的 100 个有居民海岛中排名第 74。

在经济发展方面，骑鳌岛的单位面积财政收入和居民人均可支配收入远低于沿海省（自治区、直辖市）平均水平。在海岛生态环境方面，植被覆盖率、周边海域水质状况、岛陆建设用地面积比例、垃圾和污水处理均表现良好。在社会民生方面，基础设施、防灾减灾设施和医疗卫生状况有待加强。在文化建设方面，教育设施情况为满分，但人均拥有公共文化体育设施面积较少。在社区治理方面，村规民约建设得分为满分，但建设规划管理、警务机构和社会治安满意度表现较差。

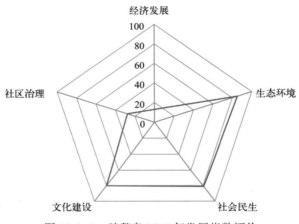

图 10.2-3 骑鳌岛 2017 年发展指数评价

四、骑鳌岛综合评价小结

骑鳌岛生态指数评分尚可，但综合发展水平低。骑鳌岛经济发展较弱，社区治理较差，文化建设和社会民生均存在一些问题。骑鳌岛已被纳入阳江市高新区，应抓住机遇，依托滨海区位优势和生态环境优势，找准定位，争取和落实有力政策，突破瓶颈，采取有效措施推动综合发展。

第三节 横琴岛生态指数与发展指数评价

一、海岛概况

横琴岛隶属于广东省珠海市，为珠海市最大岛屿，东邻澳门，是横琴新区所在地、粤港澳深度合作示范区。截至 2017 年年底，有常住人口近 1 万人。横琴岛面积为

海岛生态指数和发展指数报告（2018）

78.4 km², 岸线长 64.1 km, 以人工岸线为主, 分布有基岩海岸、砂质海岸, 植被覆盖率 47.7%。横琴岛海湾众多, 沙滩绵延, 怪石嶙峋, 空气清新。

图 10.3-1　横琴岛 2017 年岸线和开发利用类型

珠海横琴新区重点发展旅游休闲健康、商务金融服务、文化科教和高新技术等产业, 建设文化教育开放先导区和国际商务服务休闲旅游基地, 打造促进澳门经济适度多元发展新载体。横琴岛 2017 年居民人均可支配收入 44 043.1 元。目前, 横琴岛实现生活垃圾 100% 处理, 污水未实现 100% 处理。全岛通过海底电缆由大陆供电, 实现通信 100% 覆盖; 通过海底供水管道由大陆集中供应淡水; 有桥梁与陆域相连。现有小学 1 所, 中学 1 所。有卫生所 1 所, 医疗保险和养老保险覆盖率均为 100%。建有年消耗量 12 000 t 的固体废弃物循环利用工程一处。

二、横琴岛生态指数评价

横琴岛 2017 年生态指数为 62.8, 海岛生态系统较稳定, 但具有不稳定因素, 总体生态状况中。

横琴岛植被覆盖率尚可, 但自然岸线保有率得分较低, 周边海域水质污染较重, 海岛生态环境本底情况不容乐观。海岛岛陆建设强度较大, 污水处理率尚未达到 100%, 对海岛生态环境有一定的影响, 需要改进和完善。在海岛的生态保护方面, 已经制定和实施了新区规划。2017 年海岛未发生违法用海、用岛行为, 未发生重大生态损害事故。

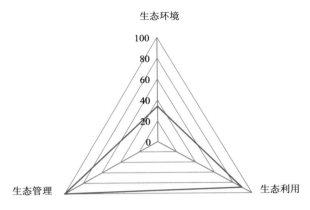

图 10.3-2　横琴岛 2017 年生态指数评价

三、横琴岛发展指数评价

横琴岛 2017 年发展指数为 82.8，在评估的 100 个有居民海岛中排名第 25。

在经济发展方面，横琴岛的财政收入和居民人均可支配收入远高于沿海省（自治区、直辖市）平均水平，经济实力较强。在海岛生态环境方面，横琴岛自然岸线保有率得分较低，周边海域水质污染较重，影响了海岛生态环境得分。在社会民生方面，横琴岛供电、供水、海岛交通等基础设施较为完备；社会医疗保险参保率和养老保险参保率均为 100%。在文化建设方面，横琴岛拥有小学 1 所，中学 1 所，满足海岛教育需要；文化体育场地（馆）设施人均拥有量远高于全国人均水平。在社区治理方面，规划管理、村规民约建设和社会治安满意度均表现良好。综合分析，横琴岛经济发展较强，社会民生、文化建设和社区治理方面良好，生态环境有待进一步完善。

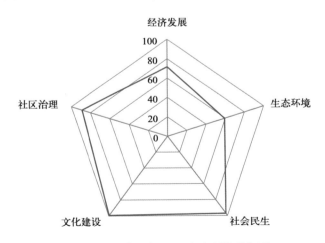

图 10.3-3　横琴岛 2017 年发展指数评价

四、横琴岛综合评价小结

横琴岛地处粤港澳大湾区，具有良好的区位优势和发展机遇，是少有的经济实力强于沿海省(自治区、直辖市)平均水平的岛屿，在社会民生、文化建设和社区治理等方面表现也良好。在良好的发展形势下，仍需重视生态环境的保护与建设。

第四节　外伶仃岛生态指数与发展指数评价

一、海岛概况

外伶仃岛隶属于广东省珠海市香洲区，属万山群岛之一，乡镇级有居民海岛。外伶仃岛处珠江入海口，面向珠港澳，是珠三角地区进出南太平洋国际航线的必经之地。

外伶仃岛面积 4.2 km²，岸线长 12.4 km，以基岩海岸为主，分布有砂质海岸和人工岸线，植被覆盖率 79.4%。外伶仃岛地势东西高，北部和中间低，自然和人文景观资源丰富。

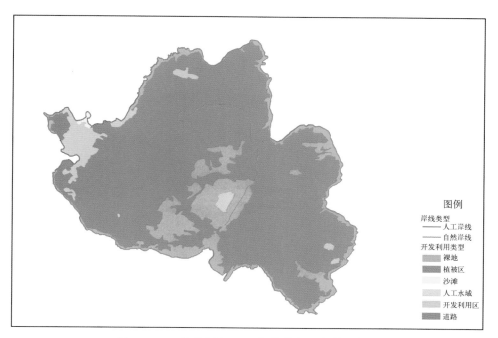

图 10.4-1　外伶仃岛 2017 年岸线和开发利用类型

外伶仃岛重点发展旅游业，2017 年居民人均可支配收入 24 919 元。目前，外伶仃岛生活垃圾和污水未实现 100% 处理。全岛通过海底电缆由大陆供电，实现通信 100%

覆盖；通过海底供水管道由大陆集中供应淡水。每天公共班船最多 10 余班次。现有小学 1 所，有医院 1 所，共有医护人员 13 人，医疗保险和养老保险覆盖率均为 100%。外伶仃岛景区为"国家 AAA 级景区"。

图 10.4-2　外伶仃岛旅游开发

图 10.4-3　外伶仃岛沙滩

二、外伶仃岛生态指数评价

外伶仃岛 2017 年生态指数为 94.3，海岛生态系统较为稳定，总体生态状况优。

外伶仃岛植被覆盖率、自然岸线保有率和周边海域水质得分较高，海岛生态环境保持良好。海岛岛陆建设强度小，环境保护设施建设未能满足需要，污水处理率尚未达到 100%，对海岛生态环境有一定影响。在海岛的生态保护方面，已经制定实施《珠海万山海洋开发试验区控制性详细规划》。2017 年海岛未发生违法用海、用岛行为，未发生重大生态损害事故。

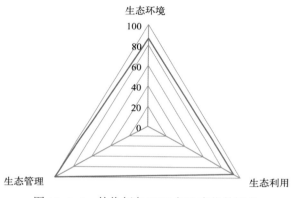

图 10.4-4　外伶仃岛 2017 年生态指数评价

三、外伶仃岛发展指数评价

外伶仃岛 2017 年发展指数为 93.6，在评估的 100 个有居民海岛中排名第 4。

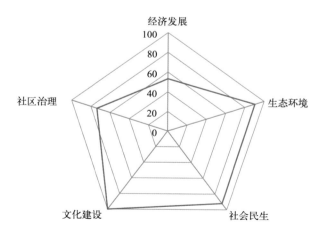

图 10.4-5　外伶仃岛 2017 年发展指数评价

在经济发展方面，外伶仃岛的财政收入和人均可支配收入接近沿海省（自治区、直辖市）平均水平，经济实力尚可。在海岛生态环境方面，外伶仃岛植被覆盖率、自然岸线保有率和周边海域水质得分较高，海岛生态环境保持良好，但污水处理率尚未达到100%，影响了海岛生态环境得分。在社会民生方面，外伶仃岛供电、供水、海岛交通等基础设施较为完备，但存在供水管网不能满足供水需要的问题；社会医疗保险参保率和养老保险参保率均为100%，岛上的医疗卫生人员数相对较少。在文化建设方面，外伶仃岛拥有小学1所，满足海岛教育需要；文化体育场地（馆）设施人均拥有量远低于全国人均水平。在社区治理方面，规划管理、村规民约建设及社会治安满意度均表现良好。综合分析，外伶仃岛综合发展水平较高，但经济发展和社区治理尚存不足。

四、外伶仃岛综合评价小结

外伶仃岛是珠江口的近岸海岛，资源和区位并不具有优势，但外伶仃岛在经济发展、生态环境、社会民生、文化建设和社区治理方面均衡发展，综合发展水平很高。今后，外伶仃岛应加快推进建设海岛污水处理设施，完善海岛医疗、文化、体育服务，使生态环境保护、基础设施和民生服务进一步与海岛经济协调发展，建成宜居宜游的生态岛礁。

第十一章

广西壮族自治区和海南省典型海岛生态指数和发展指数评估专题报告

第一节　七星岛生态指数与发展指数评价

一、海岛概况

七星岛隶属于广西北海市合浦县，属北部湾沿岸海岛，村级有居民海岛。七星岛有 1 个行政村，7 个自然村，至 2017 年年末有常住人口 1 000 余人。因海岛位于七星江中，故名七星岛。

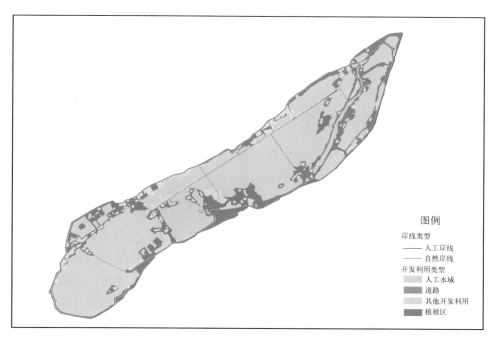

图 11.1-1　七星岛 2017 年岸线和开发利用类型

七星岛面积 3.3 km²，岸线长 10.7 km，以人工岸线为主，植被覆盖率 19.4%。七星岛南岸红树林生长茂盛，属于党江红树林湿地生态自然保护区。

七星岛 2017 年居民人均可支配收入 9 200 元。目前，七星岛实现生活垃圾 100% 处理，污水尚未集中处理。全岛通过海底电缆由大陆供电，实现通信 100% 覆盖；通过海底供水管道由大陆集中供应淡水。通过交通班船往返大陆，每天公共班船最多 50 班次，单船运力 20 人。现有小学 1 所；有卫生所 1 所，15% 的村民办理了农村社保三合一卡。

二、七星岛生态指数评价

七星岛 2017 年生态指数为 43.4，海岛生态系统较为脆弱，总体生态状况差。

七星岛植被覆盖率、自然岸线保有率和周边海域水质得分低，海岛生态环境差。海岛岛陆建设强度小，环境保护设施建设未能满足需要，污水尚未集中处理，对海岛生态环境有一定影响和破坏，需要改进。在海岛的生态管理方面，尚未制定海岛保护规划，但因位于红树林保护区，故采取了划定保护范围、宣传与标识等有效保护措施。2017 年海岛未发生违法用海、用岛行为，未发生重大生态损害事故。

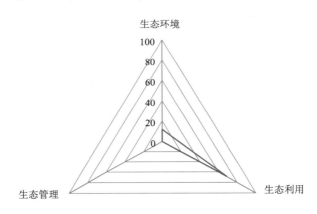

图 11.1-2　七星岛 2017 年生态指数评价

三、七星岛发展指数评价

七星岛 2017 年发展指数为 49.9，在评估的 100 个有居民海岛中排名第 86。

在经济发展方面，七星岛的居民人均可支配收入远低于沿海省（自治区、直辖市）平均水平，经济实力弱。在海岛生态环境方面，七星岛植被覆盖率、自然岸线保有率和周边海域水质得分低，污水尚未集中处理，影响海岛生态环境状况。在社会民生方面，七星岛供电、供水、海岛交通等基础设施较为完备；社会医疗保险和养老保险参保率低，岛上的医疗卫生人员数不足。在文化建设方面，七星岛拥有小学 1 所，满足海岛教育需要，但缺乏大众文化体育场所。在社区治理方面，七星岛村规民约建设和社会治安满意度均表现良好，但尚未制定海岛的保护和发展规划。综合分析，七星岛整体发展较差，经济发展、生态环境、社会民生、文化建设和社区治理均亟待提升。

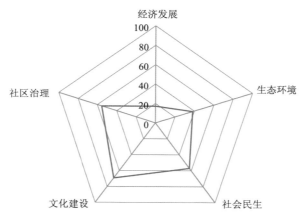

图 11.1-3　七星岛 2017 年发展指数评价

四、七星岛综合评价小结

七星岛总体发展较弱，经济发展、生态环境、社会民生、文化建设和社区治理均存在不足，全面均衡发展任重道远。应尽快制定和实施海岛的保护与发展规划，采取措施提高居民收入、加强污水处理设施建设、改善公共医疗服务，提高居民医疗和养老保障率，建设大众文化体育设施场所。

第二节　长榄岛生态指数与发展指数评价

一、海岛概况

长榄岛隶属于广西防城港市防城区，属沿岸海岛，村级有居民海岛，岛上有 1 个自然村，至 2017 年年末有常住人口 250 人。因海岛呈狭长条形，在红榄树包围中而得名。长榄岛面积 0.4 km²，岸线长 5.4 km，以基岩海岸为主，植被覆盖率 0.7%。

长榄岛坚持科学发展理念，已经制定并实施了《防城港市长榄岛片区控制性详细规划》。实现生活垃圾 100% 处理，污水尚未集中处理。全岛通过海底电缆由大陆供电，实现通信 100% 覆盖；通过海底供水管道由大陆集中供应淡水。与大陆有临时道路相连，无陆岛公交车。岛上没有小学和卫生所。医疗保险和养老保险参保率为 100%。

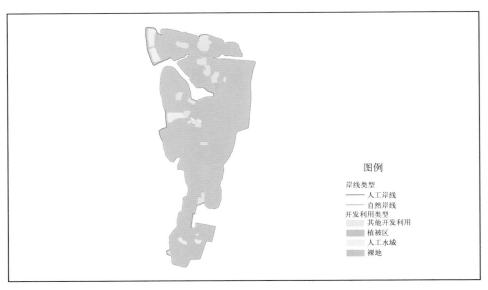

图 11.2-1　长榄岛 2017 年岸线和开发利用类型

图 11.2-2　长榄岛修复整治后

二、长榄岛生态指数评价

长榄岛 2017 年生态指数为 54.0，海岛生态系统较为一般，总体生态状况中。

长榄岛自然岸线保有率较高，但植被覆盖率低，周边海域水质全年未达到国家第一类、第二类海水水质标准，海岛生态环境较差。海岛岛陆建设强度小，但环境保护设施建设未能满足需要，尚无污水集中处理，对海岛生态环境的影响和破坏较大，需要改进。在海岛的生态保护方面，已经制定并实施了控制性详细规划。2017年海岛未发生违法用海、用岛行为，未发生重大生态损害事故。

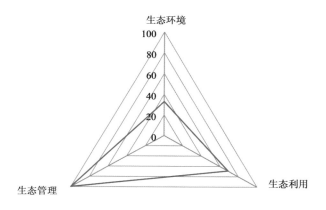

图 11.2-3　长榄岛 2017 年生态指数评价

三、长榄岛发展指数评价

长榄岛 2017 年发展指数为 69.3，在评估的 100 个有居民海岛中排名第 55。

在经济发展方面，长榄岛居民的人均可支配收入接近沿海省（自治区、直辖市）平均水平。在海岛生态环境方面，长榄岛自然岸线保有率高，但植被覆盖率、周边海域水质和污水处理率较低，影响了海岛生态环境得分。在社会民生方面，长榄岛供电、供水、海岛交通等基础设施较为完备；社会医疗保险和养老保险参保率达到 100%，但岛上没有医疗卫生人员。在文化建设方面，长榄岛没有学校，也没有公共文化体育场所。在社区治理方面，规划管理和村规民约建设表现良好，未设警务机构。综合分析，长榄岛经济发展尚可，生态环境、社会民生、文化建设和社区治理方面均存在不足。

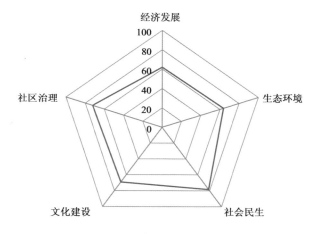

图 11.2-4　长榄岛 2017 年发展指数评价

四、长榄岛综合评价小结

长榄岛与邻近大陆协同发展，具有良好的发展机遇。目前，生态环境状况是长榄岛发展的最大短板，应加强海岛生态建设，提高植被覆盖率和污水集中处理率，使生态环境成为海岛发展的坚实基础。同时，根据海岛的定位和人口，提高文化、社区治理和民生的设施与服务水平。

第三节 海甸岛生态指数与发展指数评价

一、海岛概况

海甸岛隶属于海南省海口市美兰区，属沿岸陆连海岛，是乡镇级有居民海岛。海甸岛上有 8 个行政村，10 个自然村，至 2017 年年末有常住人口近 10 万人。

海甸岛面积 14.4 km²，岸线长 16.7 km，以人工岸线为主，植被覆盖率 49.5%。

图 11.3-1　海甸岛 2017 年岸线和开发利用类型

海甸岛已经制定并实施了《海口市海甸岛片区控制性详细规划》，指导海甸岛社会经济发展和生态保护。2017 年海甸岛实现居民人均可支配收入 27 314 元，生活垃圾 100%处理，污水部分集中处理。全岛通过海底电缆由大陆供电，实现通信 100%覆盖；

通过市政供水管道集中供应淡水。海甸岛与大陆有桥梁相连，每天公交车百余班次；现有小学 4 所，中学 3 所。有医院 4 所，卫生所 6 所，医疗保险和养老保险覆盖率分别为 100% 和 90%。

图 11.3-2　海甸岛连陆大桥

二、海甸岛生态指数评价

海甸岛 2017 年生态指数为 55.9，海岛生态系统一般，总体生态状况中。

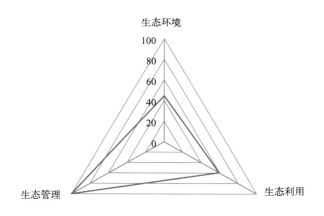

图 11.3-3　海甸岛 2017 年生态指数评价

海甸岛植被覆盖率和周边海域水质较好，自然岸线保有率低，岸线人工化严重，海岛生态环境本底尚可。海岛岛陆建设强度较大，环境保护设施建设未能满足需要，污水处理率尚未达到 100%，对海岛生态环境有一定影响。在海岛的生态管理方面，已经制定了详细规划，实施必要的保护措施。2017 年海岛未发生违法用海、用岛行为，未发生重大生态损害事故。

三、海甸岛发展指数评价

海甸岛 2017 年发展指数为 76.4，在评估的 100 个有居民海岛中排名第 40。

在经济发展方面，海甸岛的居民人均可支配收入接近沿海省(自治区、直辖市)平均水平，经济实力尚可。在海岛生态环境方面，海甸岛植被覆盖率和周边海域水质得分较高，自然岸线保有率和污水处理率较低。在社会民生方面，海甸岛供电、供水、海岛交通等基础设施较为完备；社会医疗保险参保率达到 100%，养老保险参保率不到 100%，岛上的医疗卫生条件完备，医护人员充足。在文化建设方面，海甸岛拥有小学 1 所，中学 3 所，满足海岛教育需要；文化体育场地(馆)设施人均拥有量远高于全国人均水平。在社区治理方面，规划管理、村规民约建设及社会治安满意度均表现良好。综合分析，海甸岛经济发展、社会民生、文化建设和社区治理发展良好，生态环境状况相对落后，影响海岛全面发展。

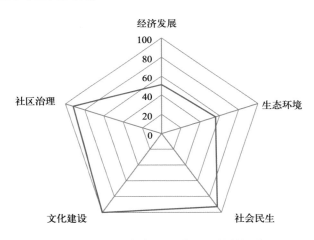

图 11.3-4　海甸岛 2017 年发展指数评价

四、海甸岛综合评价小结

海甸岛是海口市美兰区的沿岸海岛，海岛发展已经全面融入海口城市发展，综合来看，海甸岛发展较好，经济、民生、文化、社区实现全面发展，生态环境方面是发展的短板。生态环境的不足，一方面表现在海甸岛开发过程中对海岛本底自然状况的保护，或者生态化利用不足，主要体现在海岛岸线人工率高，海岛开发利用建设比例较大；另一方面体现在开发利用过程中，海岛生态环境保护投入不够，包括环保设施不足、污水尚未全部集中处理、生态保护措施不足等。为了实现海甸岛可持续发展、全面均衡发展，必须加强海岛的生态保护和建设，使海岛生态环境成为全面发展的有力支撑。

参考资料

丰爱平，张志卫，2019. 海岛生态指数和发展指数评价指标体系设计与验证. 北京：海洋出版社.

福建省地名委员会，福建省地名学研究会，1992. 福建省海域地名志. 广州：广东省地图出版社.

福建省海洋与渔业厅，2018. 2017 年福建省海洋生态环境状况公报.

广东省海洋与渔业厅，2018. 2017 年广东省海洋环境状况公报.

广西壮族自治区海洋和渔业厅，2018. 广西壮族自治区 2017 年海洋环境状况公报.

国家海洋局，2018. 2017 年中国海洋生态环境状况公报.

国家海洋局北海分局，2018. 2017 年北海区海洋环境公报.

海南省海洋与渔业厅，2018. 2017 年海南省海洋环境状况公报.

辽宁省海洋与渔业厅，2018. 2017 年辽宁省海洋生态环境状况公报.

厦门市民政局，1992. 2001·厦门市地名志. 福州：福建省地图出版社.

浙江省海洋与渔业局，2018. 2017 年浙江省海洋环境公报.

《中国海岛志》编纂委员会，2013. 中国海岛志（福建卷第三册）. 北京：海洋出版社.

《中国海岛志》编纂委员会，2013. 中国海岛志（广东卷第一册）. 北京：海洋出版社.

《中国海岛志》编纂委员会，2013. 中国海岛志（广西卷）. 北京：海洋出版社.

《中国海岛志》编纂委员会，2013. 中国海岛志（江苏、上海卷）. 北京：海洋出版社.

《中国海岛志》编纂委员会，2013. 中国海岛志（辽宁卷第一册）. 北京：海洋出版社.

《中国海岛志》编纂委员会，2013. 中国海岛志（山东卷第一册）. 北京：海洋出版社.

《中国海岛志》编纂委员会，2013. 中国海岛志（浙江卷第一册）. 北京：海洋出版社.

自然资源部，2018. 2017 年海岛统计调查公报.

典型海岛地理位置示意

图例
★ 首都 北京
◎ 省级行政中心（外国首都、首府）
—— 国界
—·— 省级行政区界
······ 地区界
军事分界线
1:32 000 000

1. 大王家岛　2. 石城岛　3. 大长山岛　4. 海洋岛　5. 长兴岛　6. 觉华岛　7. 南长山岛　8. 南隍城岛　9. 大钦岛　10. 大黑山岛　11. 竹岛　12. 横沙岛

13. 大榭岛　14. 秀山岛　15. 金塘岛　16. 庙子湖岛　17. 虾峙岛　18. 泗礁山　19. 状元岙岛　20. 洞头岛　21. 灵昆岛　22. 火烧屿　23. 吾屿　24. 鼓浪屿

25. 大嵛岛　26. 大练岛　27. 浔茂洲　28. 鸡心屿　29. 海山岛　30. 骑鳌岛　31. 横琴岛　32. 外伶仃岛　33. 七星岛　34. 长岛岛　35. 海甸岛